“十二五”普通高等教育本科国家级规划教材

高等院校**计算机基础课程**新形态系列

# 大学计算机基础
## 实践教程

## （第6版｜微课版）

甘勇 尚展垒 王伟 王爱菊◎编著

A BASIC PRACTICE COURSEBOOK FOR

# COLLEGE
# COMPUTER

人民邮电出版社
北 京

**图书在版编目（CIP）数据**

大学计算机基础实践教程：微课版 / 甘勇等编著
. -- 6版. -- 北京：人民邮电出版社，2024.8
高等院校计算机基础课程新形态系列
ISBN 978-7-115-64215-8

Ⅰ．①大… Ⅱ．①甘… Ⅲ．①电子计算机－高等学校
－教材 Ⅳ．①TP3

中国国家版本馆CIP数据核字(2024)第096389号

## 内 容 提 要

本书是根据教育部高等学校大学计算机课程教学指导委员会推进新时代高校计算机基础教学改革的有关精神，结合多所普通高校的实际教学情况编写的，是《大学计算机基础（第 6 版）（微课版）》的配套实践教材。本书主要内容包括：计算机与计算思维、操作系统基础、WPS 文字、WPS 表格、WPS 演示、多媒体技术及应用、数据库基础、计算机网络和信息安全、Python 程序设计、网页制作、常用工具软件等。每章的内容都是对主教材实践部分的指导和强化，对提高读者的操作能力具有很大的帮助作用。

本书可作为高校各专业"大学计算机"课程的教材，也可作为计算机技术的培训教材和计算机爱好者的自学用书。

◆ 编 著 甘 勇 尚展垒 王 伟 王爱菊
责任编辑 张 斌
责任印制 陈 犇

◆ 人民邮电出版社出版发行　　北京市丰台区成寿寺路 11 号
邮编 100164　电子邮件 315@ptpress.com.cn
网址 https://www.ptpress.com.cn
涿州市京南印刷厂印刷

◆ 开本：787×1092　1/16
印张：11.25　　　　　　　　2024 年 8 月第 6 版
字数：314 千字　　　　　　　2024 年 8 月河北第 1 次印刷

定价：39.80 元

读者服务热线：(010)81055256　印装质量热线：(010)81055316
反盗版热线：(010)81055315
广告经营许可证：京东市监广字 20170147 号

# 前 言

　　"大学计算机"是高校非计算机专业的重要基础课程。目前，国内虽然有很多与之相关的教材，但是各地区计算机教育的普及程度差异很大，导致学习这门课程的学生计算机水平参差不齐。为此，编者根据教育部高等学校大学计算机课程教学指导委员会推进新时代高校计算机基础教学改革的有关精神和全国计算机等级考试二级 WPS Office 高级应用与设计考试大纲，同时，也是为了适应软件国产化的发展趋势，联合有关院校，结合高校学生实际情况编写了本书。本书基于 Windows 10 操作系统和 WPS Office 进行编写，内容丰富，包括计算机与计算思维、操作系统基础、WPS 文字、WPS 表格、WPS 演示、多媒体技术及应用、数据库基础、计算机网络和信息安全、Python 程序设计、网页制作、常用工具软件，知识覆盖面广。

　　本书是《大学计算机基础（第 6 版）（微课版）》的配套实践教材，强调实验操作的内容、方法和步骤。对于本书的部分知识点，编者还录制了微课视频，这是在目前很多高校压缩学时的情况下，对教学的必要补充。学生可以根据自身的情况，通过扫描相应的二维码，利用碎片时间随时随地进行学习。每章的最后还设置了拓展训练，以满足学生进一步提高操作技能的需要。

　　本书兼顾计算机软件和硬件的最新发展，结构严谨，层次分明。全书实验内容教学需要 16～24 学时（具体学时请参考每个实验的"实验学时"），各高校可根据教学需要和学生的实际情况对实验内容进行选取。本书的相关资源可从人邮教育社区（www.ryjiaoyu.com）下载。

　　本书由郑州工程技术学院的甘勇、郑州轻工业大学的尚展垒、郑州工程技术学院的王伟和王爱菊编著，参加编写的人员还有郑州轻工业大学的韩怿冰和姚妮。甘勇负责本书的统稿和组织工作。本书的编写得到了郑州工程技术学院、郑州轻工业大学、河南省高等学校计算机教育研究会、人民邮电出版社的大力支持和帮助，同时，阜阳师范大学的侯大有、淮南师范学院的杨星、九江学院的邓安远、湖北经济学院的宋莺、湖南中医药大学的刘东波等老师也对本书的编写提出了宝贵意见和建议，在此由衷地向各单位和各位老师表示感谢！

　　由于编者水平有限，书中难免存在不足之处，敬请读者批评指正。

编者

2024 年 7 月

# 目 录

第11章 常用工具软件

# 计算机与计算思维

主教材的第 1 章首先讲述了计算机的发展、组成、功能、应用领域，然后讲述了二进制的概念，最后讲述了信息在计算机内部的表示方法，并简要介绍了计算思维。为了让读者能够掌握正确使用键盘的方法，并对计算机硬件有基本的了解，本章主要讲述键盘及指法练习、计算机硬件系统与硬件连接，以提高读者对计算机的基本认识。

## 实验一 键盘及指法练习

### 一、实验学时

2 学时。

### 二、实验目的

- 熟悉键盘的构成以及各键的功能。
- 了解键盘的键位分布并掌握正确的键盘指法。
- 掌握指法练习软件"金山打字通 2016"的使用方法。

### 三、相关知识

#### 1．键盘

键盘是用户向计算机输入数据和命令的工具。随着计算机技术的发展，输入设备越来越丰富，但键盘的主导地位是难以动摇的。掌握键盘的正确用法，是学好计算机操作的第一步。计算机键盘通常分为 5 个区域，分别是主键盘区、功能键区、编辑键区、辅助键区（小键盘区）和状态指示灯区，如图 1.1 所示。

键盘键区介绍

图 1.1 键盘示意图

（1）主键盘区

① 字母键：位于主键盘区的中心区域，按字母键，屏幕上就会出现对应的字母。

② 数字键：位于主键盘区上面第二排，直接按数字键，可以输入数字；按住<Shift>键的同时按数字键，可以输入数字键数字上方的符号。

③ <Tab>（制表键）：按此键一次，光标后移固定的距离（通常为 8 个字符）。

④ <CapsLock>（大小写转换键）：当输入字母为小写状态时，按一次此键，键盘右上方<CapsLock>指示灯亮，输入字母切换为大写状态；再按一次此键，指示灯灭，输入字母切换为小写状态。

⑤ <Shift>（上挡键）：可与各种键配合使用。有的按键的键面有上下两个字符，称为双字符键，若单独按这些键，输入的是下挡字符；若先按住<Shift>键，再按双字符键，则输入的是上挡字符。

⑥ <Ctrl>、<Alt>（控制键）：与其他键配合实现特殊功能的控制键。

⑦ <Space>（空格键）：按此键一次产生一个空格。

⑧ <Backspace>（退格键）：按此键一次删除光标左侧一个字符，同时光标左移一个字符。

⑨ <Enter>（回车键）：按此键一次可使光标移到下一行。

（2）功能键区

① <F1>～<F12>（功能键）：位于键盘上方区域。软件通常将常用的操作命令定义在功能键上，不同的软件中功能键有不同的定义。

② <Esc>（退出键）：按此键可放弃操作，例如，在输入汉字时按此键可取消没有输完的汉字。

③ <PrtSc>（打印键/拷屏键）：在 DOS 下，按此键可将屏幕内容传送到打印机输出；在 Windows 下，按此键可将整个屏幕复制到剪贴板。按<Alt+PrtSc>组合键可将当前活动窗口复制到剪贴板。

④ <ScrollLock>（滚动锁定键）：在 DOS 下，阅读较长的文档时按此键可允许滚动/ 锁定页面。

⑤ <PauseBreak>（暂停键）：用于暂停执行程序或命令，按任意字符键可继续执行。

（3）编辑键区

① <Ins/Insert>（插入/覆盖转换键）：按此键进行插入/ 覆盖状态转换后，可在光标左侧插入字符或覆盖当前字符。

② <Del/Delete>（删除键）：按此键，可删除光标右侧字符。

③ <Home>（行首键）：按此键，光标移到行首。

④ <End>（行尾键）：按此键，光标移到行尾。

⑤ <PgUp/PageUp>（向上翻页键）：按此键，光标定位到上一页。

⑥ <PgDn/PageDown>（向下翻页键）：按此键，光标定位到下一页。

⑦ <←>、<→>、<↑>、<↓>（光标移动键）：按光标移动键可使光标向左、向右、向上、向下移动。

（4）辅助键区（小键盘区）

辅助键区的各键既可作为数字键，又可作为编辑键，两种状态的转换由该区域左上角的<NumLock>键控制。当<NumLock>指示灯亮时，该区处于数字键状态，可输入数字和运算符号；当<NumLock>指示灯灭时，该区处于编辑状态，键面下挡的编辑功能被激活，可进行光标移动、翻页、插入和删除等编辑操作。

（5）状态指示灯区

该区有<NumLock>指示灯、<CapsLock>指示灯和<ScrollLock>指示灯。根据相应指示灯的亮灭，可判断出小键盘状态、字母大小写状态和滚动锁定状态。

### 2．键盘指法

（1）基准键与手指的对应关系

基准键与手指的对应关系如图 1.2 所示。

基准键：字母键第二排的 8 个键<A><S><D><F><J><K><L><;>为基准键。

键盘指法介绍

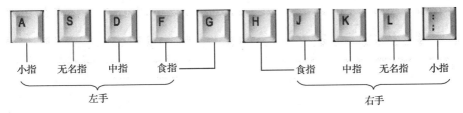

图 1.2　基准键与手指的对应关系

（2）键位的指法分区

其他字母、符号键与 8 个基准键相对应，键位指法分区如图 1.3 所示。画线的键位由规定的手指管理和击键，左右外侧的剩余键位分别由左右手的小指来管理和击键，空格键由大拇指负责。

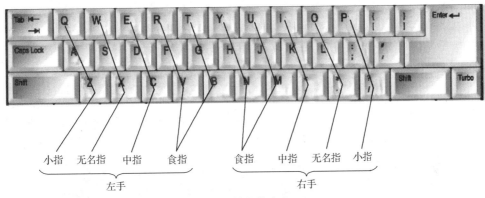

图 1.3　键位指法分区

（3）击键方法

① 手腕平直，保持手臂静止，击键动作仅限于手指。

② 手指略微弯曲，微微拱起，以<F>与<J>键上的凸出横条为识别记号，左右手食指、中指、无名指、小指依次放于基准键上，大拇指则轻放于空格键上。

③ 输入时，伸出手指轻击按键，之后迅速回归基准键位，并做好下次击键的准备。如果需要按空格键，可用大拇指向下轻击空格键；如果需要按回车键，可用右手小指侧向右轻击回车键。

④ 输入时，目光应集中在稿件上，凭手指的触摸确定键位，初学者尤其不要养成用眼确定键位的习惯。

### 3．指法练习软件"金山打字通 2016"

指法练习软件的作用是通过在软件中设置的多种打字练习方式，使练习者在由键位记忆到文章输入练习的过程中掌握标准指法，提高打字速度。目前可用的指法练习软件有很多，下面仅以"金山打字通 2016"为例做简要介绍，说明指法练习软件的使用方法。若使用其他指法练习软件，可咨询指导老师。

"金山打字通"的
使用

## 四、实验范例

（1）打开"金山打字通 2016"软件，如图 1.4 所示。若是第一次使用，则需要先创建用户名（若想随时随地查看打字成绩，还需要与 QQ 账号绑定）；若已有用户名，则在登录时选择相应的用户名即可直接登录软件。

图 1.4 "金山打字通 2016"登录界面

（2）单击"新手入门"选项，打开"打字常识"窗口，会出现一个"认识键盘"界面，单击"下一页"按钮，出现"打字姿势"界面，再单击"下一页"按钮，出现"基准键位"界面，如图 1.5 所示。在"新手入门"选项卡中，可以学习"打字常识""字母键位""数字键位""符号键位"和"键位纠错"等知识，也可以试做选择题。

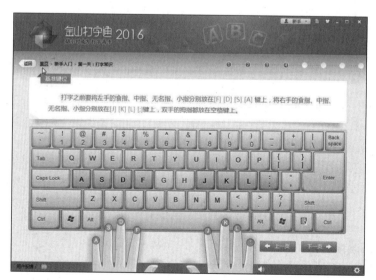

图 1.5 "金山打字通 2016"基础键位界面

（3）练习"英文打字""拼音打字"和"五笔打字"。

（4）可以通过"打字测试""打字游戏"练习指法，也可以使用"在线学习"等功能。

### 五、实验要求

使用"金山打字通 2016"软件练习英文和中文的输入，注意在提高输入正确率的同时兼顾速度，循序渐进地练习，直至熟练掌握盲打快速输入。

#### 任务一　单词输入练习

操作步骤：启动"金山打字通 2016"软件，单击"英文打字"选项，进入"单词练习"窗口，单击"课程选择"下拉按钮，在打开的下拉列表中选择相应课程，如"2000 个最常用单词 1"，也可以选中"限时"复选框，输入时间，然后按照程序要求进行单词输入练习。

#### 任务二　语句输入练习

操作步骤：启动"金山打字通 2016"软件，单击"英文打字"选项，进入"语句练习"窗口，单击"课程选择"下拉按钮，在打开的下拉列表中选择相应课程，如"最常用英语口语 1"，也可以选中"限时"复选框，输入时间，然后按照程序要求进行语句输入练习。

#### 任务三　文章输入练习

操作步骤：启动"金山打字通 2016"软件，单击"英文打字"选项，进入"文章练习"窗口，单击"课程选择"下拉按钮，在打开的下拉列表中选择相应课程，如"Anne's best friend"，也可以选中"限时"复选框，输入时间，然后按照程序要求进行文章输入练习。

#### 任务四　中文词组输入练习

操作步骤：启动"金山打字通 2016"软件，单击"拼音打字"或"五笔打字"选项，进入"词组练习"窗口，单击"课程选择"下拉按钮，在打开的下拉列表中选择相应课程，也可以选中"限时"复选框，输入时间，然后按照程序要求进行中文词组输入练习。

## 实验二　计算机硬件系统与硬件连接

### 一、实验学时

2 学时。

### 二、实验目的

- 认识计算机的基本硬件。
- 了解计算机系统各个硬件部件的基本功能。
- 熟悉计算机的硬件连接步骤及安装过程。

认识计算机的硬件

### 三、相关知识

#### 1．硬件的基本配置

计算机的硬件系统由主机、显示器、键盘、鼠标等组成。具有多媒体功能的计算机还配有音箱、话筒等。除此之外，计算机还可外接打印机、扫描仪、数码相机等设备。

计算机最主要的部件位于主机箱中，包括计算机的主板、电源、CPU、内存、硬盘、各种板卡（如显卡、声卡、网卡）等。主机箱的前面板上有一些按钮和指示灯，有的主机箱前面板上还有一些接口；主机箱的背板上有一些插槽和接口。

## 2. 硬件连接步骤

首先安装电源，之后在主板的对应插槽里安装 CPU、内存，然后把主板（见图 1.6）安装在主机箱内，再安装硬盘，接着安装显卡、声卡、网卡等，并连接主机箱内的线路，如图 1.7 所示，最后连接外部设备，如显示器、鼠标和键盘等。

图 1.6　计算机主板

图 1.7　计算机主机箱内部

（1）安装电源

把电源（见图 1.8）放在主机箱的电源固定架上，使电源上的螺丝孔和主机箱上的螺丝孔对应，然后拧上螺丝。

（2）安装 CPU

将主板平置，可以看到主板上的 CPU 插槽是一个布满均匀小孔的方形插槽（见图 1.9），根据 CPU 的插针和 CPU 插槽上小孔的位置对应关系确定 CPU 的安装方向。常见的 CPU 安装方法如下：看好 CPU 的正面和背面（见图 1.10），拉起 CPU 插槽边上的拉杆，将 CPU 缺角位置对准 CPU 插槽相应位置，待 CPU 插针完全放入后，按下拉杆至水平方向，锁紧 CPU。之后涂抹散热硅胶并安装散热器，将风扇电源线插头插到主板上的 CPU 风扇插座上，即完成 CPU 的安装。

图 1.8　电源

图 1.9　CPU 插槽

图 1.10　CPU 正面和背面

（3）安装内存

内存插槽是长条形的插槽。内存插槽中间有一个用于定位的凸起部分，按照内存插针上的缺口位置将内存（见图 1.11）压入内存插槽，使插槽两端的卡子可完全卡住内存。

（4）安装主板

先将主机箱自带的金属螺柱拧入主板支撑板的螺丝孔中，再将主板放入主机箱，注意将主板上的固定孔对准拧入的螺柱，主板的接口区对准主机箱背板的对应接口孔，最后边调整位置边依次拧紧螺丝固定主板。

（5）安装硬盘

如果安装的硬盘是机械硬盘（见图 1.12），需要将其固定在相应的托架上，连接数据线和电源线；如果是固态硬盘（见图 1.13），则需要根据不同的接口将其插入相应的卡槽中。

图 1.11　内存　　　　　　图 1.12　机械硬盘　　　　　　图 1.13　固态硬盘

（6）安装显卡、声卡和网卡等各种板卡

根据显卡（见图 1.14）、声卡（见图 1.15）和网卡（见图 1.16）等板卡的接口（如 PCI 接口、AGP 接口、PCI-E 接口等）确定不同板卡对应的插槽（如 PCI 插槽、AGP 插槽、PCI-E 插槽等），取下主机箱后部与插槽对应的金属挡片，将相应板卡插脚对准对应插槽，板卡挡板对准主机箱后的挡片孔，用力将板卡压入插槽，拧紧螺丝，将板卡固定在主板上。目前，显卡、声卡、网卡等板卡集成在主板上较为常见。

图 1.14　显卡　　　　　　图 1.15　声卡　　　　　　图 1.16　网卡

（7）连接主机箱内部线路

① 连接主板电源线，把电源上的供电插头（20 芯或 24 芯）插入主板上对应的电源插槽。电源插头设计有一个防止插反和起固定作用的卡扣，连接时，注意保持卡扣和卡座在同一方向。为了给 CPU 提供更稳定的电压，主板会提供一个给 CPU 单独供电的接口（4 针、6 针或 8 针），连接时，把电源上的插头插入主板 CPU 附近对应的电源插座。

② 连接主板上的数据线和电源线，包括硬盘数据线、光驱数据线和电源线。

目前常见的机械硬盘是 SATA（Serial Advanced Technology Attachment Interface，串行先进技术总线附属接口）硬盘，其数据线采用 L 形防插反接头设计（见图 1.17），因此，我们可准确识别接头的插入方向。我们先将数据线一端的插头插入主板上的 SATA 插座，再将数据线另一端的插头插入硬盘的数据接口，插入方向由插头上的 L 形来确定。

目前大多固态硬盘可直接插在主板上，不需要数据线连接。

把电源线（见图 1.18）上的插头插到硬盘上。电源线插头都采用防插反设计，只有方向正确才能插入，因此不用担心插反。

图 1.17　硬盘数据线

图 1.18　电源线

③ 连接主板信号线和控制线（见图 1.19），包括 POWER SW（开机信号）线、POWER LED（电源指示灯）线、H.D.D LED（硬盘指示灯）线、RESET SW（复位信号）线、SPEAKER（前置报警喇叭）线等。把信号线插头分别插到主板上对应的插针上（一般在主板边沿处，并有相应标示），其中，开机信号线和复位信号线没有正负极之分；前置报警喇叭线是四针结构，红线为+5V 供电线，与主板上的+5V 接口对应；硬盘指示灯线和电源指示灯线区分正负极，一般情况下，红色代表正极。

图 1.19　主板信号线和控制线

（8）连接外部设备

① 连接显示器。可先把连接显示器的视频信号线连接到主机背部面板（见图 1.20）的视频信号插座上［如果采用集成显卡主板，该插座位于 I/O（Input/Output，输入输出）接口区；如果采用独立显卡，该插座则在显卡挡板上］，然后连接显示器电源线。

图 1.20　主机背部面板

② 连接键盘和鼠标。鼠标、键盘的 PS/2 接口位于主机背部 I/O 接口区。用户在连接时可根据插头、插槽颜色和图形标示进行区分，紫色为键盘接口，绿色为鼠标接口。USB 接口的键盘和鼠标插到任意一个 USB 接口上即可。

③ 连接音箱/耳机。独立声卡或集成声卡通常有 LINE IN（线路输入）、MIC IN（话筒输入）、SPEAKER OUT（扬声器输出）、LINE OUT（线路输出）等插孔。若外接有源音箱，可将其接到 LINE OUT 插孔，无源音箱可接到 SPEAKER OUT 插孔。耳机可接到 SPEAKER OUT 插孔或 LINE

OUT 插孔。

以上步骤完成后，计算机系统的硬件部分就基本安装完毕了。

## 四、实验要求

观察计算机的硬件组成；熟悉主板上各部件的名称和功能，了解主板上常用接口的功能、形状、颜色、插针数和防插反措施；熟悉常用外部设备的连接方法，注意区分不同设备的接口颜色和形状。

# 本章拓展训练

使用"记事本"软件完成一篇 200 字左右的校园简介，其内容应包括中文、数字、英文以及一些特殊的符号等。要求在录入文字的过程中注意指法的正确性、录入的速度及准确率等。

输入法的切换

# 第2章 操作系统基础

本章以 Windows 10 为操作平台，帮助用户学习 Windows 10 的基本操作、高级操作以及常用的软硬件设置。主要内容包括：任务栏和"开始"菜单的设置，窗口和文件（夹）的操作，输入法的使用，系统常用附件的使用，控制面板的使用，外观和个性化的设置，账户管理以及对磁盘的管理和维护等。通过本章的实验，读者能够全面了解 Windows 10 的基本功能并掌握其使用方法。

## 实验一 Windows 10 的基本操作

### 一、实验学时

2 学时。

### 二、实验目的

- 认识 Windows 10 桌面及其组成。
- 掌握鼠标的操作方法。
- 熟练掌握任务栏和"开始"菜单的基本操作、Windows 10 窗口的操作、管理文件和文件夹的方法。
- 掌握库的使用方法。
- 掌握启动应用程序的常用方法。
- 掌握中文输入法和系统日期/时间的设置方法。
- 掌握 Windows 10 中附件的使用方法。

### 三、相关知识

#### 1．Windows 10 桌面

"桌面"就是用户启动计算机登录操作系统后看到的整个屏幕界面。Windows 10 桌面如图 2.1 所示，它是用户和计算机进行交流的窗口，可以放置常用的应用程序和文件夹桌面图标。用户可以根据自己的需要在桌面上添加各种快捷方式，在使用时双击快捷方式就能够快速启动相应的程序或文件。以 Windows 10 桌面为起点，用户可以有效地管理自己的计算机。

第一次启动 Windows 10 时，桌面上只有"回收站"桌面图标，其他桌面图标（如"此电脑""网络""控制面板"等）可以通过设置添加到桌面上。桌面底部的小长条是 Windows 10 的任务栏，如图 2.2 所示，它显示系统正在运行的程序和当前时间等，用户也可以对它进行一系列的设置。任务栏的左端是"开始"按钮；中间是应用程序按钮分布区；右边是语言栏、工具栏、通知区和时钟区等；右端为"显示桌面"按钮。

图 2.1 Windows 10 桌面

图 2.2 Windows 10 任务栏

单击任务栏中的"开始"按钮可以打开"开始"菜单，如图 2.3 所示。左侧是"电源""设置"和"用户"按钮；中间是常用项目和最近添加项目的显示区域，另外还会显示所有应用程序列表；右侧则是用来固定应用磁贴或图标的区域，方便用户快速打开应用程序。

图 2.3 "开始"菜单

应用程序按钮分布区显示当前运行的程序和打开的窗口；语言栏便于用户快速选择各种语言输入法，可以最小化到任务栏中，也可以还原，独立于任务栏之外；工具栏显示用户添加到任务栏上的工具，如地址、链接等。

**2．驱动器、文件和文件夹**

驱动器是通过某个文件系统格式化并带有一个标识名的存储区域。存储区域可以是可移动磁盘、光盘、硬盘等，驱动器的名字是用单个英文字母表示的，当有多个硬盘或将一个硬盘划分成多个分区时，通常可按字母顺序依次将之标识为 C、D、E 等。

文件是一组相关信息的集合，程序和数据都以文件的形式存放在计算机的硬盘中。每个文件都有一个文件名，文件名由主文件名和扩展名两部分组成，操作系统通过文件名对文件进行存取。文件夹是文件分类存储的"抽屉"，利用它可以分门别类地管理文件。Windows 10 中的文件、文件夹的组织结构是树形结构，即一个文件夹可以包含多个文件和文件夹，但一个文件或文件夹只能属于某一个文件夹。

### 3．文件资源管理器

文件资源管理器是 Windows 操作系统提供的资源管理工具，用户可以通过它查看本台计算机的所有资源，特别是它提供的树形文件系统结构，能使用户更清楚、更直观地查看和使用文件及文件夹。打开文件资源管理器，默认会打开"此电脑"窗口，如图 2.4 所示，此窗口主要由功能区、地址栏、搜索栏、导航窗格、细节窗格和资源管理窗格等部分组成。导航窗格方便用户直接切换磁盘和库。预览窗格在默认情况下不显示，用户可以通过单击"查看"→"窗格"→"预览窗格"按钮来显示或隐藏预览窗格。资源管理窗格是用户进行操作的主要区域，在该区域用户可进行选择、打开、复制、移动、创建、删除、重命名等操作。同时，根据当前选中的对象，资源管理窗格的上方会显示相关功能区。

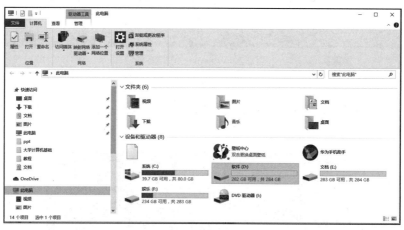

图 2.4  "此电脑"窗口

## 四、实验范例

### 1．鼠标的基本操作

（1）指向

移动鼠标，将鼠标指针移动到某个操作对象上，此时该对象周围会出现一个临时的边框。这一操作会激活对象或显示该对象的提示信息。

操作：将鼠标指针指向桌面上的"此电脑"桌面图标，如图 2.5 所示。

（2）单击鼠标左键

快速按下并释放鼠标左键，用于选定操作对象，选定的对象会突出显示。单击鼠标左键也可以简称为单击。

操作：在"此电脑"桌面图标上单击鼠标左键，选中"此电脑"，如图 2.6 所示。

图 2.5  鼠标的指向操作

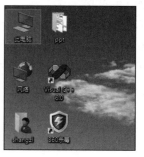

图 2.6  单击鼠标左键操作

（3）单击鼠标右键

快速按下并释放鼠标右键，用于打开与对象相关的快捷菜单。

操作：在"此电脑"桌面图标上单击鼠标右键，会弹出一个快捷菜单，如图2.7所示。

（4）双击

连续两次快速单击鼠标左键，用于打开窗口或启动应用程序。

操作：在"此电脑"桌面图标上双击，观察操作系统的响应。

（5）拖曳

将鼠标指针指向操作对象后按住鼠标左键不放，然后移动鼠标指针到指定位置后释放鼠标左键。该操作常用于复制或移动操作对象。

操作：把"此电脑"桌面图标拖曳到桌面其他位置，如图2.8所示，观察操作过程中"此电脑"桌面图标的变化。

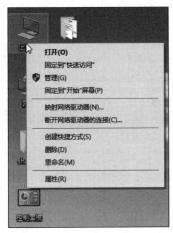
图2.7　单击鼠标右键操作

图2.8　鼠标的拖曳操作

### 2．显示设置

用鼠标右键单击桌面的空白处，在弹出的快捷菜单中选择"显示设置"，打开相应的显示设置窗口，在此窗口中，可以设置"夜间模式"的"开"与"关"，可以更改文本、应用等项目的大小，可以设置"显示器分辨率"及"显示方向"等。用户可以更改设置并观察效果。

显示设置

显示器分辨率指的是显示器所能显示的像素的多少，如1920像素×1080像素。数值越大，在一定范围内显示的信息就越多，但每个对象显示的尺寸就越小。

### 3．执行应用程序的方法

执行应用程序有以下4种方法。

① Windows自带的应用程序，可通过在"开始"菜单的应用程序列表中选择相应的菜单项来执行。

② 在文件资源管理器中找到要执行的应用程序文件，用鼠标双击（也可以选中之后按<Enter>键；或用鼠标右键单击应用程序文件，在弹出的快捷菜单中选择"打开"命令）。

执行应用程序的方法

③ 双击应用程序对应的快捷方式。

④ 用鼠标右键单击"开始"按钮，在弹出的快捷菜单中选择"运行"命令，打开"运行"对话框，在文本框中输入相应的命令后单击"确定"按钮。

#### 4．启动文件资源管理器的方法

启动文件资源管理器有以下4种方法。

① 双击桌面上的"此电脑"桌面图标。

② 按<Windows（键盘上有视窗图标的键）+E>组合键。

③ 用鼠标右键单击"开始"按钮，在弹出的快捷菜单中选择"文件资源管理器"选项。

④ 双击桌面上的"网络"桌面图标。

启动文件资源管理器的方法

如果桌面上没有"网络"桌面图标，可以在桌面空白处单击鼠标右键，在弹出的快捷菜单中选择"个性化"命令，在随后显示的窗口左侧选择"主题"选项，然后在右侧选择"桌面图标设置"选项，此时会显示出"桌面图标设置"对话框，选中该对话框中的"网络"复选框后单击"确定"按钮，即可将"网络"桌面图标添加到桌面上。其他桌面图标（如"此电脑"）也可通过类似的操作被添加到桌面上。

#### 5．多个文件或文件夹的选取

（1）选择单个文件或文件夹

单击相应的文件或文件夹图标。

（2）选择连续的多个文件和文件夹

单击第一个要选定的文件或文件夹，然后在按住<Shift>键的同时单击最后一个文件或文件夹，它们之间的文件和文件夹就被选中了。

文件（夹）的选择

（3）选择不连续的多个文件或文件夹

单击第一个要选定的文件或文件夹，然后按住<Ctrl>键不放，同时逐个单击其他待选定的文件或文件夹。

（4）选择显示在一个矩形区域的文件

在窗口的空白处按住鼠标左键，然后拖曳鼠标指针（可以看到一个矩形框），到适当位置后松开鼠标左键，被框入的文件就被选中了。

（5）选择大部分文件

先选择不需要选中的文件，然后单击"主页"→"选择"→"反向选择"按钮即可。

若想将当前目录下的文件全部选中，可使用<Ctrl+A>组合键。若想全部取消选中，可在窗口的空白处单击。若想部分取消选中，可在按住<Ctrl>键的同时，单击需要取消选中的文件。

#### 6．Windows 窗口的基本操作

（1）窗口的最小化、最大化、关闭

打开文件资源管理器，单击窗口右上角的"最小化"按钮 — ，则文件资源管理器最小化为任务栏上的一个图标。

Windows 窗口的基本操作

打开文件资源管理器，单击窗口右上角的"最大化"按钮 ▢ ，则文件资源管理器最大化占满整个桌面，此时"最大化"按钮变为"还原"按钮 ▢ 。

打开文件资源管理器，单击窗口右上角的"关闭"按钮 ✕，则文件资源管理器被关闭。

（2）排列与切换窗口

① 先后双击桌面上的"回收站"和"此电脑"桌面图标，同时打开它们对应的窗口。

② 用鼠标右键单击任务栏空白区域，打开任务栏快捷菜单。

③ 选择任务栏快捷菜单中的"层叠窗口"命令，可将所有打开的窗口层叠在一起，如图2.9所示。单击某个窗口的标题栏或窗口的可见部分，可将该窗口显示在其他窗口之上。

④ 单击任务栏快捷菜单中的"堆叠显示窗口"命令，可在屏幕上平铺所有打开的窗口，以便同

时看到所有窗口中的内容，如图 2.10 所示。此时用户可以很方便地在窗口之间进行复制和移动文件的操作。

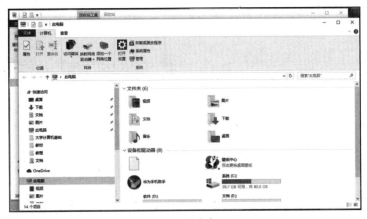

图 2.9　层叠窗口

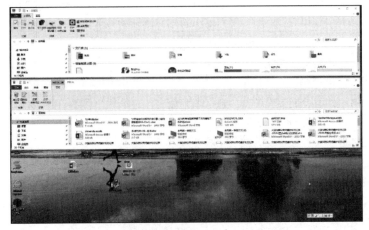

图 2.10　堆叠显示窗口

⑤ 单击任务栏快捷菜单中的"并排显示窗口"命令，可在屏幕上并排显示所有打开的窗口，如图 2.11 所示。

图 2.11　并排显示窗口

操作系统基础 / 第 2 章

⑥ 切换窗口。最常用的方法是单击窗口的可见部分，若连窗口都看不到，则可单击任务栏上此窗口对应的应用程序按钮。也可以在按住<Alt>键的同时按<Tab>键，屏幕上将弹出一个任务框，框中排列着当前打开的各窗口的图标，按住<Alt>键的同时每按一次<Tab>键，就会顺序选中下一个窗口图标。选中所需窗口的图标后，释放<Alt>键，相应的窗口即被激活为当前窗口。

### 7. 库的使用

库彻底改变了文件的管理方式，比死板的文件夹方式更为灵活和方便。使用库可以集中管理视频、文档、音乐、图片和其他文件。在某些方面，库类似于传统的文件夹，但与文件夹不同的是，库可以收集任意位置的文件。

（1）Windows 10 库的组成

Windows 10 默认包含视频、图片、文档、音乐 4 个库，当然，用户也可以创建新库。要创建新库，先要打开文件资源管理器，然后单击导航窗格中的"库"，再选择"主页"选项卡→"新建"组→"新建项目"→"库"命令。

Windows 10 默认隐藏"库"，用户可通过在文件资源管理器中选择"查看"选项卡→"窗格"组→"导航窗格"→"显示库"命令，把它显示出来。

在文件资源管理器中，选中一个库后单击鼠标右键，在弹出的快捷菜单中选择"属性"命令，即可在随后显示的对话框的"库位置"列表框中看到当前所选择的库的默认路径。用户可以通过该对话框中的"添加"按钮添加新的文件夹到所选库中。

（2）Windows 10 库的添加、删除和重命名

① 添加指定内容到库中。要将某个文件夹的内容添加到指定库中，只需在目标文件夹上单击鼠标右键，在弹出的快捷菜单中选择"包含到库中"命令，之后根据需要在子菜单中选择一个库名即可。通过子菜单中的"创建新库"命令可以将所选文件夹内容添加至一个新建的库中，新库的名称与文件夹的名称相同。

② 删除或重命名库。要删除或重命名库只需在该库上单击鼠标右键，在弹出的快捷菜单中选择"删除"或"重命名"命令。删除库不会删除原始文件，只是删除了库链接而已。

## 五、实验要求

按照步骤完成实验，观察设置效果后，将各项设置复原。

### 任务一　Windows 10 的启动和关闭

#### 1. 启动 Windows 10

① 打开外部设备的电源开关，如显示器。

② 打开主机电源开关。

③ 计算机开始进行自检，然后引导 Windows 10 操作系统，若设置了登录密码，则引导 Windows 10 后会出现一个登录验证界面，单击用户账号出现密码文本框，输入正确的密码后按<Enter>键即可正常进入 Windows 10；若没有设置登录密码，则会自动进入 Windows 10。

▶ 提示

　　在系统启动的过程中，若计算机安装有管理软件（如机房管理软件），则还要输入相应的用户名和密码。

#### 2. 重新启动或关闭计算机

单击"开始"→"电源"按钮⏻，会出现"睡眠""关机"和"重启"等菜单项（若系统有更新，还会出现"更新并关机"和"更新并重启"菜单项），选择"关机"菜单项，就可以直接将计

算机关闭。若选择了"更新并关机"菜单项，则系统在完成更新后会自动关机。

用鼠标右键单击"开始"按钮，在弹出的快捷菜单中选择"关机或注销"命令，会出现图 2.12 所示的子菜单让用户进一步选择。

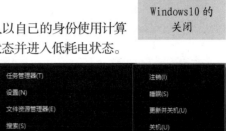

Windows10 的
关闭

（1）注销：用来注销当前用户的登录状态，以备下一个用户使用操作系统，或防止数据被其他人操作。

（2）睡眠：用户短时间内不用计算机但又不希望别人以自己的身份使用计算机时，可选择此命令。此时系统会保持当前用户的登录状态并进入低耗电状态。

（3）更新并关机：系统有更新，需要先完成更新再自动关机。

（4）关机：直接关闭计算机。关机之前，用户最好把打开的应用程序、窗口手动关闭。

（5）更新并重启：系统有更新，需要先完成更新再自动重新启动计算机。

（6）重启：重新启动计算机。操作系统将结束当前的所有会话并关闭，然后自动重新启动计算机。

图 2.12 "关机或注销"子菜单

## 任务二 "开始"菜单和任务栏的设置

### 1．"开始"菜单的设置

按以下步骤对"开始"菜单进行设置。

（1）单击"开始"→"设置"按钮⚙，会打开图 2.13 所示的"Windows 设置"窗口。

（2）单击"个性化"图标，打开个性化设置窗口（也可用鼠标右键单击桌面空白处，在弹出的快捷菜单中选择"个性化"命令），如图 2.14 所示，可在其中对背景、颜色、锁屏界面、主题、字体、开始和任务栏等进行设置。

"开始"菜单的
设置

图 2.13 "Windows 设置"窗口　　图 2.14 个性化设置窗口

（3）在左侧选择"开始"选项，打开图 2.15 所示的"开始"设置窗口，在此窗口中，用户可对"开始"菜单的内容进行设置。例如，把"在'开始'菜单中显示应用列表"设置为"关"，看一下效果，然后把此项设置为"开"，再看一下效果，与刚才的效果进行对比。同样，也可对其他设置项进行"开""关"设置操作。

（4）单击"选择哪些文件夹显示在'开始'菜单上"，会打开图 2.16 所示的窗口，在该窗口中

操作系统基础 第 2 章

可对"开始"菜单中显示的文件夹进行设置，如文件资源管理器、设置、文档、下载、音乐等文件夹。用户可对这些文件夹进行"开""关"设置并查看效果。

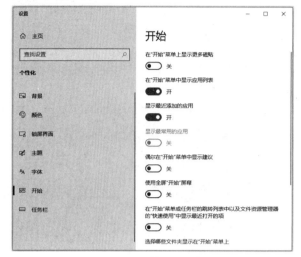

图 2.15 "开始"设置窗口

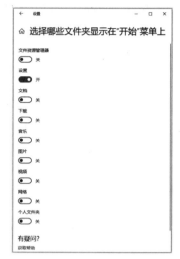

图 2.16 "选择哪些文件夹显示在'开始'菜单上"设置窗口

### 2. 自定义任务栏中的工具栏

按以下步骤对工具栏进行设置。

（1）在任务栏空白处单击鼠标右键，弹出快捷菜单。

（2）把鼠标指针移到快捷菜单中的"工具栏"命令上，此时会显示"工具栏"子菜单，如图 2.17 所示。

（3）选择"工具栏"子菜单中的"地址"菜单项后，观察任务栏的变化。

### 3. 任务栏的设置

按以下步骤对任务栏进行设置。

（1）在任务栏空白处单击鼠标右键，在弹出的快捷菜单中选择"任务栏设置"命令，打开"任务栏"设置窗口，如图 2.18 所示。也可在图 2.15 所示窗口中，单击左侧的"任务栏"选项来打开"任务栏"设置窗口。

任务栏的设置

图 2.17 "工具栏"子菜单

图 2.18 "任务栏"设置窗口

（2）在图2.18所示窗口的右侧，可以对"锁定任务栏""在桌面模式下自动隐藏任务栏""使用小任务栏按钮"等设置项进行"开""关"设置。

（3）单击"任务栏在屏幕上的位置"下拉列表框，打开下拉列表，可设置任务栏为"底部""靠左""顶部"或"靠右"显示，也可使用鼠标直接拖动任务栏到以上位置。另外，拖动任务栏的内边框（鼠标指针指向任务栏的内边框时会变成一个双向的箭头↕）可以改变任务栏的高度（最高为屏幕的一半）。但要注意前提是"锁定任务栏"设置项处于"关"的状态，否则无法拖动任务栏和改变任务栏高度。

单击"合并任务栏按钮"下拉列表框，打开下拉列表，对任务栏上的按钮显示方式进行设置。

（4）单击"选择哪些图标显示在任务栏上"，在新打开的窗口中对通知区显示的图标进行设置。

（5）单击"打开或关闭系统图标"选项，在新打开的窗口中可对系统程序的图标是否显示在任务栏上进行设置，如时钟、音量等图标。

以上实验内容请读者自己上机逐步操作，观察结果并加以体会。

## 任务三 文件和文件夹的管理

### 1．改变文件和文件夹的显示方式

文件资源管理器的资源管理窗格中显示了当前选定项目的文件和文件夹的列表，我们也可改变它们的显示方式。按以下步骤即可对文件和文件夹的显示方式进行设置。

（1）在文件资源管理器"查看"选项卡的"布局"组中，依次选择"超大图标""大图标""中图标""小图标""列表""详细信息""平铺""内容"等项，观察资源管理窗格中文件和文件夹显示方式的变化。

（2）单击"查看"选项卡→"当前视图"组→"分组依据"下拉按钮，通过下拉列表可以对资源管理窗格中的文件和文件夹进行分组，如图2.19所示。依次选择各项，观察资源管理窗格中文件和文件夹显示方式的变化。

（3）单击"查看"选项卡→"当前视图"组→"排序方式"下拉按钮，通过下拉列表可以对资源管理窗格中的文件和文件夹进行排序，如图2.20所示。依次选择各项，观察资源管理窗格中文件和文件夹显示方式的变化。

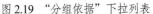

图2.19 "分组依据"下拉列表

图2.20 "排序方式"下拉列表

（4）通过"查看"选项卡中的"显示/隐藏"组，可实现对文件扩展名、文件图标等的显示与隐藏。单击"选项"按钮，打开"文件夹选项"对话框，改变"浏览文件夹"和"按如下方式单击项目"区域中的选项，单击"确定"按钮，之后试着打开不同的文件夹和文件，观察显示方式及打开方式的变化。

（5）在"文件夹选项"对话框中选择"查看"选项卡，如图 2.21 所示，选中"隐藏已知文件类型的扩展名"复选框，单击"确定"按钮，观察文件显示方式的变化。试着更改其他选项，如选中"显示库"复选框，再观察文件资源管理器导航窗格中的"库"是否显示。

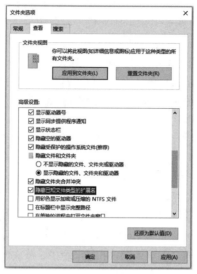

图 2.21 "查看"选项卡

### 2．创建文件夹

在 D 盘创建新文件夹以及在新文件夹中创建新文件的步骤如下。

（1）打开文件资源管理器。

（2）选择创建新文件夹的位置。在导航窗格中单击 D 盘图标，资源管理窗格中显示 D 盘根目录下的所有文件和文件夹。

（3）创建新文件夹有以下两种方法。

① 在资源管理窗格的空白处单击鼠标右键，在弹出的快捷菜单中选择"新建"→"文件夹"命令，然后输入文件夹名称"My Folder1"，按<Enter>键完成。

② 单击"主页"选项卡→"新建"组→"新建文件夹"按钮，然后输入文件夹名称"My Folder1"，按<Enter>键完成。

（4）双击新建的"My Folder1"文件夹，打开该文件夹，在资源管理窗格的空白处单击鼠标右键，在弹出的快捷菜单中选择"新建"→"文本文档"命令，然后输入文件名称"My File1"，并按<Enter>键。

（5）使用同样的方法在 D 盘根目录下创建"My Folder2"文件夹，并在"My Folder2"文件夹下创建文本文件"My File2"。

### 3．复制、移动文件（或文件夹）

按以下步骤练习文件的复制、粘贴等操作。

（1）打开文件资源管理器。

（2）找到并进入"My Folder2"文件夹，选中"My File2"文件。

（3）单击"主页"选项卡→"剪贴板"组→"复制"按钮（或按<Ctrl+C>组合键，或单击鼠标右键，在弹出的快捷菜单中选择"复制"命令），此时，"My File2"文件被复制到剪贴板。

（4）进入"My Folder1"文件夹。

（5）单击"主页"选项卡→"剪贴板"组→"粘贴"按钮（或按<Ctrl+V>组合键，或单击鼠标右键，在弹出的快捷菜单中选择"粘贴"命令）。此时，"My File2"文件被复制到目的文件夹"My Folder1"。

移动文件的步骤与复制文件的步骤基本相同，只需将第（3）步中的"复制"按钮改为"剪切"按钮（或将<Ctrl+C>组合键改为<Ctrl+X>组合键）。

### 4．重命名、删除文件（或文件夹）

按以下步骤练习文件的重命名和删除操作。

（1）打开文件资源管理器，找到并进入"My Folder1"文件夹，选中"My File2"文件。

（2）单击"主页"选项卡→"组织"组→"重命名"按钮（或单击鼠标右键，在弹出的快捷菜单中选择"重命名"命令，也可直接按<F2>键），输入"My File3"后按<Enter>键。

（3）选择"主页"选项卡→"组织"组→"删除"→"回收"选项（或直接在键盘上按<Del/Delete>键），在弹出的"删除文件"对话框中，单击"是"按钮，即可删除所选文件。

> ▶ 注意
> 　　这种文件删除方法只是把要删除的文件转移到了"回收站"，如果需要彻底地删除该文件，可在执行"删除"操作的同时按<Shift>键，或者选择"组织"组→"删除"→"永久删除"选项。

（4）双击"回收站"桌面图标，在"回收站"窗口中选中刚才被删除的文件，单击"管理–回收站工具"→"还原"→"还原选定的项目"按钮，该文件即可被还原到原来的位置。

（5）在"回收站"窗口中单击"管理–回收站工具"→"还原"→"清空回收站"按钮，通过对话框确认删除后，回收站中所有的文件均会被彻底删除，无法再还原。

需要注意的是，文件夹的操作与文件的操作基本相同，只是在复制、移动、删除的过程中，文件夹所包含的所有文件及子文件夹都会被进行相同的操作。

### 任务四　Windows 10 中画图程序的使用

选择"开始"→"Windows 附件"→"画图"菜单项，即会运行画图程序，其窗口如图 2.22 所示。标题栏下方是功能区，这也是画图工具的主体。

"画图"软件

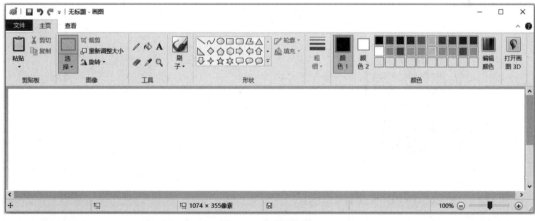

图 2.22　"画图"窗口

"画图"窗口中有 3 个选项卡：文件、主页、查看。

（1）通过"文件"选项卡，可以进行文件的新建、保存、打开、打印等操作。

（2）当选择"主页"选项卡时，会出现相应的组，包括剪贴板、图像、工具、形状、粗细、颜色、打开画图 3D，供用户对图片进行编辑和绘制。"打开画图 3D"是 Windows 10 加入的新功能，单击该按钮即可打开"画图 3D"界面。在这个界面中，用户可以绘制 2D、3D 形状，还可以加入背景贴纸、文本，轻松更改颜色和纹理，添加不干胶标签，或者将 2D 图片转换为 3D 场景。另外，通过"画图 3D"界面还可以将创作的 3D 作品与现实场景混合，通过混合现实查看器查看创作的 3D 作品，会更加真实和直观。

（3）"查看"选项卡的功能是改变显示的比例，设置是否有状态栏、是否全屏显示等。

### 任务五　输入法的添加和删除

输入法

在添加某种输入法之前，要先确认这种输入法在操作系统中已安装并且没有被添加。对于没有安装的输入法，则需要使用相应的输入法安装软件进行安装。按以下步骤操作，为操作系统添加"微软拼音"输入法并删除一种已安装的输入法。

（1）用鼠标右键单击任务栏上的语言栏，弹出的快捷菜单如图 2.23 所示。

（2）选择"设置"命令，出现"语言"对话框，然后单击右侧的"中文（中华人民共和国）"，再单击其对应的"选项"按钮，打开图 2.24 所示的"语言选项：中文（简体，中国）"设置窗口。

（3）单击"添加键盘"按钮，在弹出的输入法列表中选择"微软拼音"输入法。

（4）单击任务栏中的语言栏图标，可看到新添加的"微软拼音"输入法。

（5）再次打开图 2.24 所示窗口，选择一种已安装的输入法，其下面会出现"删除"按钮，单击"删除"按钮，即可将该输入法删除。

图 2.23　语言栏右键快捷菜单

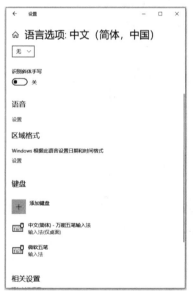

图 2.24　"语言选项：中文（简体，中国）"设置窗口

### 任务六　更改系统日期、时间及时区

按以下步骤操作，将系统日期设为"2020 年 6 月 30 日"，系统时间设为"10:20"，时区设为"吉隆坡，新加坡"。

（1）用鼠标右键单击任务栏右侧的时间区，在弹出的快捷菜单中选择"调整日期/时间"命令，弹出"日期和时间"设置窗口。

（2）单击"手动设置日期和时间"下面的"更改"按钮（若"更改"按钮不可用，则需要把"自动设置时间"的状态设置为"关"），弹出"更改日期和时间"对话框，依次更改年份为"2020 年"，月份为"6 月"，日期为"30 日"，时间的小时为"10"、分钟为"20"，单击"更改"按钮关闭对话框。

（3）观察任务栏右侧显示的时间，可发现时间已经发生了改变。

（4）再次打开"日期和时间"设置窗口，单击"时区"下拉列表框（若"时区"下拉列表框不可用，则需要把"自动设置时区"的状态设置为"关"），从弹出的下拉列表中选择"（UTC+08:00）吉隆坡，新加坡"即可。

## 实验二 Windows 10 的高级操作

### 一、实验学时

2 学时。

### 二、实验目的

- 掌握控制面板的使用方法。
- 掌握 Windows 10 中外观和个性化的设置方法。
- 掌握用户账户管理的基本方法。
- 掌握打印机的安装及设置方法。
- 掌握 Windows 10 中通过磁盘清理和碎片整理来优化及维护系统的方法。

### 三、相关知识

#### 1．控制面板

控制面板（Control Panel）集中了用来配置系统的全部应用程序，允许用户查看并进行计算机系统软、硬件的设置和控制，因此，对系统环境进行调整和设置时，一般要使用控制面板，如添加硬件、添加/删除软件、控制用户账户、外观和个性化设置等。Windows 10 提供了类别视图和图标视图两种控制面板界面，其中，类别视图允许打开父项并对各个子项进行设置，图标视图有两种显示方式——大图标和小图标，如图 2.25 和图 2.26 所示。在图标视图中，用户能够更直观地看到计算机可以使用的各种设置。

图 2.25　控制面板类别视图界面

图 2.26　控制面板图标视图界面

### 2．账户管理

Windows 10 支持多用户管理，多个用户可以共享一台计算机，操作系统可以为每个用户创建一个用户账户，并为每个用户配置独立的用户文件，从而使每个用户都可以进行个性化的环境设置。在控制面板中，单击"用户账户"图标，打开相应的窗口，可以实现用户账户、家长控制（此功能需要有 Microsoft 账户）等管理功能。在"用户账户"窗口中，可以更改当前账户的名称和类型、管理其他账户，也可以添加或删除用户账户。在"家长控制"窗口中，可以对指定标准类型账户实施家长控制，主要包括时间控制、游戏控制和程序控制。

### 3．磁盘管理

磁盘管理是一项使用计算机时的常规任务，它以一组磁盘管理应用程序的形式提供给用户，包括查错程序、磁盘碎片整理程序、磁盘清理程序等。Windows 10 没有提供一个单独的应用程序来管理磁盘，而是将磁盘管理集成到"计算机管理"中。用鼠标右键单击"此电脑"桌面图标，在弹出的快捷菜单中单击"管理"命令即可打开"计算机管理"窗口，在左侧选择"存储"中的"磁盘管理"，将打开"磁盘管理"功能。用户利用磁盘管理工具可以一目了然地观察所有磁盘情况，并对各个磁盘分区进行管理操作。

## 四、实验范例

### 1．设置控制面板界面

在任务栏的搜索框中搜索"控制面板"，然后单击搜索结果"控制面板"，打开控制面板。通过"查看方式"下拉列表框可以在类别视图、大图标视图和小图标视图之间随意切换。

### 2．外观和个性化设置

按以下步骤对 Windows 操作系统进行外观及个性化的设置（下面以类别视图为例）。

（1）在控制面板中单击"外观和个性化"图标，在打开的界面中单击右侧的"任务栏和导航"，可打开个性化设置窗口（也可用鼠标右键单击桌面的空白处，在弹出的快捷菜单中选择"个性化"命令）。

个性化外观的
设置

（2）单击左侧的"主题"选项，会打开图 2.27 所示的"主题"设置窗口。用户可以对"背景""颜色""声音"等进行修改并观察桌面的变化。

（3）单击图 2.27 所示窗口左侧的"锁屏界面"选项，会打开"锁屏界面"设置窗口，如图 2.28 所示，用户可以对锁屏时的界面进行设置，包括"背景""选择在锁屏界面上显示详细状态的应用"等。

图 2.27 "主题"设置窗口

图 2.28 "锁屏界面"设置窗口

（4）单击图 2.28 所示窗口中的"屏幕超时设置"，会打开"电源和睡眠"设置窗口，在其中可以设置分别经过多长时间后，屏幕会进入关闭状态，计算机会进入睡眠状态。

（5）单击图 2.28 所示窗口中的"屏幕保护程序设置"，会打开"屏幕保护程序设置"对话框，如图 2.29 所示。选择"屏幕保护程序"下拉列表中的"3D 文字"后，单击"设置"按钮，会弹出"3D 文字设置"对话框，如图 2.30 所示。在"自定义文字"文本框中输入"欢迎使用 Windows 10"，设置旋转类型为"摇摆式"，单击"确定"按钮返回到"屏幕保护程序设置"对话框，即可在预览区看到屏保效果。若要全屏预览，单击"预览"按钮即可；若要保存此设置，则单击"确定"按钮。

图 2.29 "屏幕保护程序设置"对话框

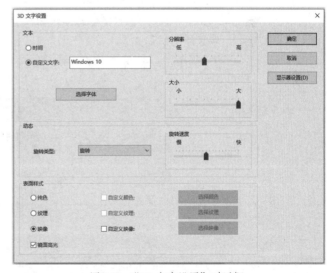

图 2.30 "3D 文字设置"对话框

## 五、实验要求

按照步骤完成实验，观察设置效果后，将各项设置复原。

操作系统基础 第 2 章

## 任务一　Windows 10 个性化的设置

### 1. 更改桌面背景

在桌面空白处单击鼠标右键，在弹出的快捷菜单中选择"个性化"命令，会默认打开个性化的"背景"设置窗口，如图 2.31 所示。"背景"分为"图片""纯色"和"幻灯片放映"3 种，默认设置为"图片"。在"选择图片"区域选择一张图片，或单击"浏览"按钮浏览并选择其他图片，再把"选择契合度"（包括填充、适应、拉伸、平铺、居中、跨区等方式）设置为"平铺"。

图 2.31　"背景"设置窗口

如果要将多张图片设为桌面背景，可把"背景"设置为"幻灯片放映"方式，然后通过"浏览"按钮指定某个文件夹，此文件夹中的图片就是幻灯片相册，再设置"图片切换频率"和"无序播放"等即可。

### 2. 更改窗口边框、"开始"菜单和任务栏的颜色

（1）在图 2.31 所示窗口的左侧选择"颜色"选项，会出现图 2.32 所示的"颜色"设置窗口。

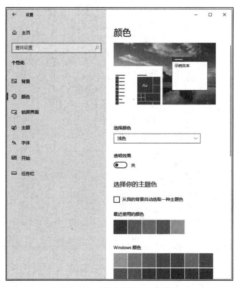

图 2.32　"颜色"设置窗口

（2）在"选择颜色"下拉列表框中选择"自定义"，系统会自动对后续的设置项进行更新，如图 2.33 所示。用户可根据图中的设置进行操作，并把"Windows 颜色"设为"红色"，然后观察其效果。

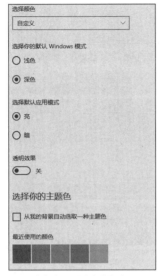
（a）设置项的上半部分

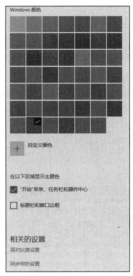
（b）设置项的下半部分

图 2.33　自定义颜色的设置项

用户可以把图 2.33（b）中的"'开始'菜单、任务栏和操作中心""标题栏和窗口边框"复选框选中，观察设置的效果。

### 任务二　鼠标和键盘的设置

（1）在控制面板中单击"硬件和声音"图标，打开"硬件和声音"窗口。

（2）选择"设备和打印机"中的"鼠标"，打开"鼠标 属性"对话框，单击"指针选项"选项卡标签，在"可见性"区域中，选中"显示指针轨迹"复选框并拖曳滑块至右端，单击"确定"按钮。

（3）在"小图标"查看方式的控制面板中选择"键盘"，打开"键盘 属性"对话框，对其中的"重复延迟""重复速度"及"光标闪烁速度"进行调整并体验调整后的效果。

### 任务三　添加新用户

为系统添加新用户，用户名为"user1"，密码设置为"123,abc"。

说明：计算机的用户分为标准用户和管理员两类，只有管理员才拥有用户账户管理权限。添加的用户分为家庭成员和其他用户，这些用户互不影响，且每个用户都有自己的登录信息和界面。但是添加家庭成员需要在 Microsoft 账户下进行。只有家庭成员可以使用"家长控制"功能。

下面是以管理员身份登录后的操作。

（1）选择"控制面板"→"用户账户"→"用户账户"，显示"用户账户"窗口，如图 2.34 所示。在这个窗口中，管理员可以对当前用户的账户名称和账户类型进行更改，也可管理其他账户。

（2）单击"管理其他账户"，在出现的窗口中单击"在电脑设置中添加新用户"会打开"家庭和其他用户"设置窗口，然后选择"将其他人添加到这台电脑"，则系统会默认添加一个"Microsoft 账户"，如图 2.35 所示。

（3）由于当前没有此类账户，因此选择"我没有这个人的登录信息"，在下一个窗口中选择"添加一个没有 Microsoft 账户的用户"，打开图 2.36 所示的填写用户信息的对话框（在图中，信息已填写），根据需要填写用户名"user1"和密码"123,abc"，同时还要填写"如果你忘记了密码"的 3 个安全问题及答案。

图 2.34 "用户账户"窗口

图 2.35 "Microsoft 账户"对话框

图 2.36 填写用户信息

（4）单击"下一步"按钮，返回"家庭和其他用户"设置窗口，此时，用户会发现，"user1"这个新用户已添加到系统中。

（5）单击本地账户"user1"，再单击下面的"更改账户类型"按钮，打开图 2.37 所示的"更改账户类型"对话框。

图 2.37 "更改账户类型"对话框

默认账户类型是"标准用户"，用户也可通过"账户类型"下拉列表框设置账户类型为"管理员"。

设置完成后，打开"开始"菜单，单击左侧的"用户"按钮![user icon]，可以看到新增加的账户"user1"，选择该账户后输入密码就可以用新的用户身份登录系统。

选择"开始"→"设置"→"账户"，打开"账户信息"设置窗口，通过左侧的"账户信息"可为当前的账户"创建头像"，通过"登录选项"可对"Windows Hello PIN""密码""图片密码"等进行设置。

### 任务四　打印机的安装及设置

#### 1．安装打印机

首先将打印机的数据线连接到计算机的相应接口上，接通电源，启动打印机，系统会自动安装打印机的驱动程序，若能自动安装成功，便可直接使用；否则可以利用打印机自带的安装程序进行安装。

打印机的安装及
设置

用户也可利用系统提供的功能安装打印机。选择"控制面板"→"硬件和声音"→"添加设备"，打开"添加设备"对话框，系统自动搜索连接到计算机上的打印机，用户根据实际情况来选择即可。安装完毕后，"设备和打印机"窗口中会出现相应的打印机图标。

#### 2．设置默认打印机

如果安装了多台打印机，可在执行具体打印任务时选择打印机，也可将某台打印机设置为默认打印机。要设置默认打印机，可先选择"控制面板"→"硬件和声音"→"设备和打印机"，打开"设备和打印机"窗口，在某个打印机图标上单击鼠标右键，在弹出的快捷菜单中选择"设置为默认打印机"命令即可。默认打印机的图标左下角有一个"√"标识。

#### 3．打印文档的管理

在打印过程中，用户可以取消正在打印或在打印队列中的作业。双击任务栏中的打印机图标，打开打印队列，选择一个文档，在"文档"菜单中选择"取消"命令（也可用鼠标右键单击要停止打印的文档，在弹出的快捷菜单中选择"取消"命令），如图2.38所示。若要取消所有文档的打印，选择"打印机"菜单中的"取消所有文档"即可。

图2.38　打印文档管理

根据需要，选择菜单中的"暂停""重新启动"命令可实现文档打印的暂停、暂停后重新启动打印。若暂时不想让打印机打印资料，可选中"打印机"菜单中的"暂停打印"复选框，再想打印的时候，取消选中"暂停打印"复选框即可。

### 任务五　使用系统工具维护系统

在计算机的日常使用中，磁盘上逐渐会产生文件碎片和临时文件，致使运行程序、打开文件变慢，用户可以定期使用"磁盘清理"功能删除临时文件，释放硬盘空间；使用"碎片整理和优化驱动器"功能整理文件存储位置，合并可用空间，提高系统性能。

### 1．磁盘清理

（1）选择"开始"→"Windows 管理工具"→"磁盘清理"菜单项，打开"磁盘清理：驱动器选择"对话框。

磁盘清理

（2）选择要清理的驱动器，在此使用默认设置，清理 C 盘。

（3）单击"确定"按钮，会显示一个计算 C 盘上可释放空间的进度条，如图 2.39 所示。

（4）计算完毕会弹出"系统（C:）的磁盘清理"对话框，如图 2.40 所示，其中显示了系统清理出的建议删除的文件及其所占磁盘空间的大小。

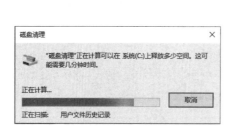

图 2.39 "磁盘清理"对话框

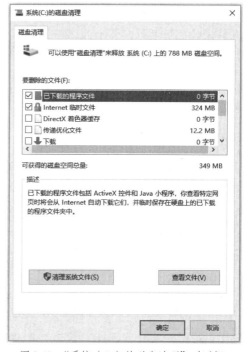

图 2.40 "系统（C:）的磁盘清理"对话框

（5）在"要删除的文件"列表框中选中要删除的文件，单击"确定"按钮，在随后弹出的确认删除对话框中单击"删除文件"按钮。

依次对 C、D、E 等磁盘进行清理，注意观察并记录清理磁盘获得的空间。

### 2．碎片整理和优化驱动器

进行磁盘碎片整理之前，应先把所有打开的应用程序都关闭，因为一些应用程序在运行的过程中可能要反复读取磁盘数据，会影响碎片整理程序的正常工作。

磁盘碎片整理

（1）选择"开始"→"Windows 管理工具"→"碎片整理和优化驱动器"菜单项，打开"优化驱动器"对话框。

（2）选择磁盘驱动器后单击"分析"按钮，进行磁盘分析。

（3）分析完后，可以根据结果选择是否进行磁盘优化，若想进行优化，直接单击"优化"按钮即可。

▶ 注意

固态硬盘不可进行碎片整理。

### 任务六　打开和关闭 Windows 功能

Windows 10 附带的某些程序和功能（如 Internet 信息服务），必须在使用之前打开，不再使用时则可以将其关闭。在 Windows 的早期版本中，若要关闭某个功能，需要从计算机上将其完全卸载。而在 Windows 10 中，要关闭某个功能不必将其卸载，该功能仍可保留在硬盘上，以便需要时再次将其打开。

（1）选择"控制面板"→"程序"→"启用或关闭 Windows 功能"，打开"Windows 功能"窗口，如图 2.41 所示。

（2）若要打开某个 Windows 功能，可选中该功能对应的复选框；若要关闭某个 Windows 功能，则取消选中其对应的复选框。

（3）单击"确定"按钮以应用设置。

图 2.41　"Windows 功能"窗口

# 实验三　麒麟操作系统的基本操作

## 一、实验学时

2 学时。

## 二、实验目的

- 了解麒麟操作系统的桌面及基本操作方法。
- 掌握麒麟操作系统的基本设置方法。

## 三、相关知识

### 1. 麒麟操作系统桌面

麒麟操作系统桌面由桌面图标、任务栏、桌面背景组成，如图 2.42 所示，默认放置"计算机"桌面图标、"回收站"桌面图标，以及主文件夹桌面图标，双击桌面图标即可打开相应的窗口。

图 2.42　麒麟操作系统桌面

### 2．麒麟操作系统设置

用户可通过麒麟操作系统的"设置"功能来管理系统，设置模块包括系统、设备、网络、个性化、账户、时间语言、更新、安全、应用、搜索等。

在"系统"设置模块，可进行"显示器""声音""电源""通知""远程桌面"的基础配置，也可以在"关于"中查看系统信息。在"个性化"设置模块中，可进行"背景""主题""锁屏""屏保""字体"等的相关配置。

## 四、实验范例

### 1．桌面的操作

（1）桌面快捷菜单

在桌面空白处单击鼠标右键，可以调出桌面快捷菜单，如图2.43所示，通过此菜单可简单快捷地执行部分操作。

（2）任务栏

任务栏用于查看系统启动的应用程序、系统托盘图标，位于桌面底部。任务栏默认放置"开始"菜单、文件管理器、系统托盘图标等。通过任务栏可打开"开始"菜单、显示桌面、进入工作区，对应用程序进行打开、新建、关闭、强制退出等操作，还可以设置输入法、调节音量、连接网络、查看日历、进行搜索、进入关机界面等。

（3）"开始"菜单

"开始"菜单是使用麒麟操作系统的起点，在这里可以查看并管理系统中已安装的所有应用程序，也可以使用分类导航或搜索功能快速定位应用程序。"开始"菜单有大菜单和小菜单两种模式，图2.44所示为"开始"菜单的小菜单模式，单击右上角的图标 可切换模式。

图2.43　桌面快捷菜单

图2.44　"开始"菜单的小菜单模式

### 2．设置

进入桌面环境后，打开"开始"菜单，单击"设置"即可打开设置窗口，用户可以在这里对相关的系统设置进行修改。

（1）显示器

在显示器设置中，如图2.45所示，用户可以选择显示器，设置显示器的分辨率、屏幕方向、刷新率、屏幕缩放倍数，调节亮度、色温，使计算机显示效果达到用户所需要的状态。

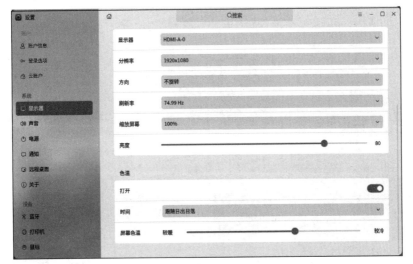

图 2.45 显示器设置

（2）声音

在图 2.45 所示窗口中，单击左侧的"声音"选项，即可进行声音设置，如图 2.46 所示。用户在这里可设置输出声音和输入声音、系统音效等。

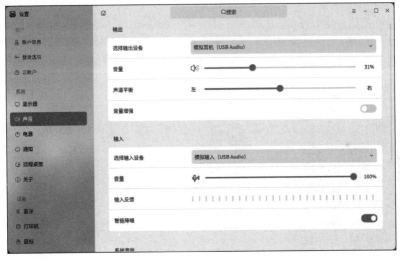

图 2.46 声音设置

（3）背景

用户可根据自己的喜好选择壁纸来美化桌面。在图 2.43 所示的桌面快捷菜单中选择"设置背景"，即可进行背景设置，如图 2.47 所示。在这里，用户可对桌面背景图片、显示方式等进行设置。

桌面背景的显示方式有填充、平铺、居中、拉伸、适应、跨区，用户可根据需要选择其中的一种方式。

（4）主题

在图 2.47 所示窗口左侧单击"主题"选项，可进行主题设置，如图 2.48 所示。在麒麟操作系统中，系统提供"寻光""和印"主题，并且支持自定义主题，用户可一键切换主题。此外，用户还可以设置窗口外观及强调色、图标、光标、窗口特效、壁纸及提示音。

图 2.47　桌面背景设置

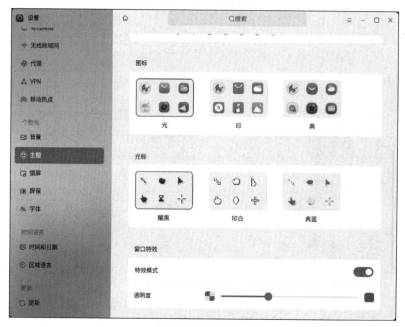

图 2.48　主题设置

（5）锁屏

在图 2.47 所示窗口左侧单击"锁屏"选项，可进行锁屏设置，如图 2.49 所示。在这里，用户可以从系统提供的图像中选择任意图像设置为锁屏背景，也可以浏览本地图像或者下载线上的图像设置为锁屏背景，还可以设置是否显示锁屏壁纸在登录页面、激活屏保时锁定屏幕，以及设定锁屏的时间段。

（6）屏保

屏保一方面可在本人离开计算机时防范他人访问或操作计算机，另一方面可降低长时间不刷新屏幕对硬件造成的损害。在图 2.47 所示窗口左侧单击"屏保"选项，可进行屏保设置，如图 2.50 所示。用户可以选择开启屏保的时间、屏幕保护程序，也可以设置是否显示休息时间、激活屏保时锁定屏幕等。

图 2.49　锁屏设置

图 2.50　屏保设置

# 本章拓展训练

1. 使用"Windows 附件"中的"画图"软件，设计一张图文并茂的图片，并保存为"我设计的画图图片.jpg"。

2. 利用两台计算机，通过对计算机进行适当设置，完成远程桌面的配置与使用。

拓展训练

# 第3章 WPS 文字

本章从 WPS 文字的基本操作开始进行讲解，通过文档的创建与排版、表格的制作、图文混排 3 个实验让读者轻松掌握使用 WPS 文字进行编辑和排版的主要技术，以及图、文、表混排文档的制作方法，并通过相关的拓展训练使读者能够灵活地根据不同的使用需求完成各种常见的文档的制作。

## 实验一 文档的创建与排版

### 一、实验学时

2 学时。

### 二、实验目的

- 熟练掌握 WPS 文字的启动与退出方法，认识 WPS 文字工作窗口中的对象。
- 熟练掌握操作 WPS 文字功能区、选项卡、组和对话框的方法。
- 熟练掌握使用 WPS 文字建立、保存、关闭和打开文档的方法。
- 熟练掌握输入文本的方法。
- 熟练掌握文本的基本编辑方法以及设定文档格式的方法，包括插入点的定位，文本的输入、选择、插入、删除、移动、复制、查找与替换、撤销与恢复等操作。
- 掌握文档的不同视图模式。
- 熟练掌握设置字符格式的方法，包括选择字体、字形与字号，以及设置字体颜色、下画线和删除线等。
- 熟练掌握设置段落格式的方法，包括对文本的字间距、段落对齐方式、段落缩进和段落间距等进行设置。
- 熟练掌握首字下沉、边框和底纹等特殊格式的设置方法。
- 掌握格式刷和样式的使用方法。
- 掌握项目符号和编号的使用方法。
- 掌握利用模板建立文档的方法。

### 三、相关知识

#### 1. 基本知识

WPS 文字是 WPS Office 办公软件的组件之一，是目前办公场景中流行的、全面支持简繁体中文的、功能强大的综合排版工具软件。

WPS 文字集编辑、排版和打印等功能于一体，并同时能够处理文本、图形和表格，满足了各种公文、书信、报告、图表、报表以及其他文档打印的需要。

**2．基本操作**

文档编辑是 WPS 文字的基本功能，主要包括文档的建立、文本的录入、保存文档、选择文本、插入文本、删除文本以及移动、复制文本等基本操作。WPS 文字还提供了查找和替换功能、撤销和恢复功能。文档被保存时，会生成以"docx"为默认扩展名的文件。

**3．基本设置**

文档编辑完成之后，用户可能需要对整篇文档进行排版以使文档具有美观的视觉效果。文档的排版包括字符格式设置、段落格式设置、边框与底纹设置、项目符号与编号设置以及分栏设置等。此外还有一些特殊的格式设置，如首字下沉、给中文加拼音、加删除线等。

**4．高级操作**

（1）格式刷

使用格式刷可以快速地将某文本的格式设置应用到其他文本上，操作步骤如下。

格式刷的使用

① 选中要复制格式的文本。

② 单击"开始"选项卡→"格式刷"按钮，之后将鼠标指针移动到文档编辑区，会看到鼠标指针旁出现一个小刷子图标。

③ 用格式刷扫过（即按住鼠标左键拖曳）需要应用格式的文本即可。

单击"格式刷"按钮，使用一次格式刷后其功能就会自动关闭。如果需要将某文本的格式连续应用多次，则需要双击"格式刷"按钮，之后直接用格式刷扫过不同的文本就可以了。要结束使用格式刷功能，可再次单击"格式刷"按钮或者按<Esc>键。

（2）样式与模板

样式与模板是 WPS 中非常重要的工具，熟练使用这两个工具可以简化格式设置的操作，提高排版的质量和速度。

样式是可应用于文档中的文本及表格的一组格式特征，利用其能迅速改变文档的外观。单击功能区"开始"选项卡→"样式"组→"其他"按钮，在出现的下拉列表中显示出了可供选择的样式。要对文档中的文本应用样式，可先选中这段文本，然后单击下拉列表中需要使用的样式。要删除某文本中已经应用的样式，可先将其选中，再选择下拉列表中的"清除格式"选项。

如果要快速改变具有某种样式的所有文本的格式，可通过重新定义样式来完成。单击"开始"选项卡→"样式"组→"其他"按钮，在出现的下拉列表中用右键单击要修改的样式，在弹出的快捷菜单中选择"修改样式"命令，即可在弹出的对话框中看到该样式包含的所有格式。通过该对话框可完成对该样式的修改。

WPS 文字提供了内容涵盖广泛的模板，有简历、合同、计划书等。利用模板，用户可以快速地创建出专业而且美观的文档。模板就是一种预先设定好格式的特殊文档，已经包含了文档的基本结构和文档设置，如页面设置、字体格式、段落格式等，方便重复使用，解决了用户每次都要排版和设置的烦恼。对于某些格式相同或相近的文档的排版工作，模板是不可缺少的工具。WPS 模板文件的扩展名为"dotx"。利用模板创建新文档的方法请参考其他书籍。

## 四、实验范例

**1．启动 WPS 文字**

启动 WPS 文字有多种方法，思考并实际操作一下。

## 2．认识 WPS 文字的工作窗口

WPS 文字的工作窗口主要包括标签栏、功能区、导航窗格、文档编辑区、任务窗格和状态栏。

## 3．掌握 WPS 文字选项卡的功能

熟悉 WPS 文字各个选项卡的组成与作用。

## 4．文档的建立与文本的编辑

（1）建立新文档

单击"文件"按钮，在打开的菜单中选择"新建"命令，再选择"空白文档"，即可建立新文档。

（2）文档的输入

在新建的文档中输入实验范例文字，暂且不管字体及格式。输入完毕将其保存为"D:\AA.docx"。

▶ **注意**
（1）和（2）的目的是建立新文档并练习输入，如果已经掌握，可直接打开某个已经存在的文件。

实验范例文字如下。

### Windows 操作系统

从 1983 年到 1998 年，Microsoft 公司陆续推出了 Windows 1.0、Windows 2.0、Windows 3.0、Windows 3.1、Windows NT、Windows 95、Windows 98 等不同版本的操作系统。Windows 98 以前版本的操作系统都由于存在某些缺点而很快被淘汰。而 Windows 98 提供了更强大的多媒体和网络通信功能，以及更加安全可靠的系统保护措施和控制机制，从而使操作系统的功能趋于完善。1998 年 8 月，Microsoft 公司推出了 Windows 98 中文版，这个版本的应用在当时是非常广泛的。

2000 年，Microsoft 公司推出了 Windows 2000 英文版。Windows 2000 也就是改名后的 Windows NT 5.0，Windows 2000 具有许多意义深远的新特性。同年，Windows Me 发行。

2001 年，Microsoft 公司推出了 Windows XP。Windows XP 整合了 Windows 2000 的强大功能特性，并植入了新的网络单元和安全技术，具有界面时尚、使用便捷、集成度高、安全性好等优点。

2005 年，Microsoft 公司又在 Windows XP 的基础上推出了 Windows Vista。Windows Vista 保留了 Windows XP 整体优良的特性，在安全性、可靠性及互动体验等方面更为突出和完善。

2009 年 10 月，Microsoft 公司正式发布了 Windows 7 操作系统。Windows 7 第一次在操作系统中引入了 Life Immersion 概念，即在系统中集成许多人性因素，一切以人为本，提供了高质量的视觉感受，使桌面更加流畅、稳定。为了满足不同用户群体的需要，Windows 7 提供了 5 个不同的版本：家庭普通版（Home Basic 版）、家庭高级版（Home Premium 版）、商用版（Business 版）、企业版（Enterprise 版）和旗舰版（Ultimate 版）。

2015 年 7 月，Microsoft 公司研发的跨平台操作系统 Windows 10 面世，应用于计算机和平板电脑等设备。Windows 10 在易用性和安全性方面有了极大的提升，除了针对云服务、智能移动设备、自然人机交互等技术进行融合，还对固态硬盘、生物识别、高分辨率屏幕等硬件进行了优化完善与支持。Windows 10 有家庭版、专业版、企业版、教育版、专业工作站版、物联网核心版等版本。

Windows 11 由 Microsoft 公司于 2021 年 6 月发布，应用于计算机和平板电脑等设备。

Windows 11 主要包括以下版本：Windows 11 家庭版、Windows 11 专业版、Windows 11 企业版、Windows 11 专业工作站版、Windows 11 教育版、Windows 11 混合现实版等。

### 5．撤销与恢复

功能区左上方的快速访问工具栏上有"撤销"与"恢复"按钮，用户可对操作进行按步撤销及恢复。请读者上机进行实际操作，加以体会。

### 6．字体及段落设置

将刚建立的文档"D:\AA.docx"打开并进行以下设置。

（1）第一段设置成隶书、二号，居中。

（2）第二段设置成宋体、小四、斜体，左对齐，段前和段后各 1 行间距。

（3）第三段设置成宋体、小四，行距设为最小值 20 磅。

（4）第四段设置成楷体、小四、加波浪线，左右各缩进 2 个字符，首行缩进 2 个字符，1.5 倍行距，段前、段后各 0.5 行间距。

字体及段落
设置

（5）第五段的设置同第三段。

（6）第六段设置成楷体、小四、加粗。

### 7．文字的查找和替换

（1）查找指定文字"操作系统"。

操作步骤如下。

① 打开"D:\AA.docx"文档，将光标定位到文档首部。

② 选择"开始"选项卡→"查找替换"下拉列表→"替换"命令，打开"查找和替换"对话框。

查找和替换

③ 在对话框的"查找内容"文本框内输入"操作系统"。

④ 单击"查找下一处"按钮，将定位到文档中匹配该查找关键字的位置，并且匹配文字以灰底显示。

⑤ 连续单击"查找下一处"按钮，则相继定位到文档中的其余匹配项，直至出现一个提示已完成文档搜索的对话框，就表明所有的"操作系统"都找出来了。

⑥ 单击"关闭"按钮关闭"查找和替换"对话框，返回 WPS 文字工作窗口。

（2）将文档中的"Windows"替换为"WINDOWS"。

操作步骤如下。

① 打开"D:\AA.docx"文档，并将光标定位到文档首部。

② 选择"开始"选项卡→"查找替换"下拉列表→"替换"命令，打开"查找和替换"对话框，切换到"替换"选项卡。

③ 在"查找内容"文本框内输入"Windows"，在"替换为"文本框内输入"WINDOWS"。

④ 单击"全部替换"按钮，屏幕上会出现一个对话框，报告已完成所有的替换。

⑤ 单击"确定"按钮关闭对话框，返回"查找和替换"对话框。

⑥ 单击"关闭"按钮关闭"查找和替换"对话框，返回 WPS 文字工作窗口，这时所有的"Windows"都被替换成了"WINDOWS"。

### 8．视图模式的切换

通过单击"视图"选项卡中的各种视图按钮，进行各种视图模式的切换，并认真观察显示效果。

WPS 文字中的视图显示方式

实验做完，请正常关闭系统，并认真总结实验过程和取得的收获。

## 五、实验要求

### 任务一 文档的简单排版

【原文】

将实验范例中编辑完成的文字作为原文。

【操作要求】

（1）将标题的字体格式设置为宋体、三号字、加粗，居中，将标题的段前、段后间距设置为1行。

（2）将正文中的中文设置为宋体、五号字，西文设置为Times New Roman、五号字，将正文行距设为1.5倍。

（3）为正文添加项目符号，样式如图3.1所示。

（4）将正文中添加项目符号的内容的字体格式设为斜体，并为其添加蓝色波浪线下画线。

（5）为正文第1行中的"Windows 1.0、Windows 2.0、Windows 3.0、Windows 3.1、Windows NT、Windows 95、Windows 98"添加红色下画线。

（6）将最后一段文字设为黑体、加粗。

【样本】

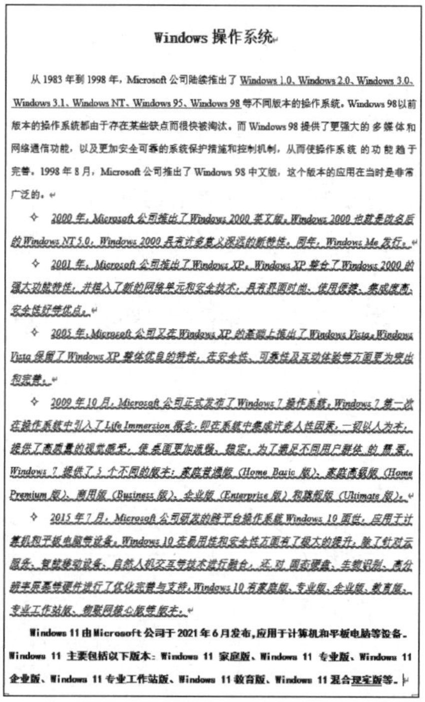

图3.1 任务一样本

### 任务二 文档的高级排版

【原文】

被同伴驱逐的蝙蝠

很久以前，鸟类和走兽因为发生一点争执，爆发了战争。并且，双方僵持，各不相让。

有一次，双方交战，鸟类战胜了。蝙蝠突然出现在鸟类的堡垒，并说道："各位，恭喜啊！能将那些粗暴的走兽打败，真是英雄啊！我有翅膀又能飞，所以是鸟的伙伴！请大家多多指教！"

这时，鸟类非常需要新伙伴的加入以增强实力，所以很欢迎蝙蝠的加入。可是蝙蝠是个胆小鬼，等到战争开始，便秘不露面，躲在一旁观战。

　　后来，当走兽战胜鸟类时，走兽们高声地唱着胜利的歌。蝙蝠却又突然出现在走兽的营区，并说到："恭喜各位把鸟类打败了！实在太棒了！我是老鼠的同类，也是走兽！敬请大家多多指教！"走兽们也很乐意地将蝙蝠纳入自己的群体中。

　　于是，每当走兽们胜利时，蝙蝠就加入走兽。每当鸟类打赢时，它却又成为鸟类的伙伴。最后战争结束了，走兽和鸟类言归于好，双方都知道了蝙蝠的行为。当蝙蝠再度出现在鸟类的世界时，鸟类很不客气地对它说："你不是鸟类！"被鸟类赶出来的蝙蝠只好来到走兽的世界，走兽们则说："你不是走兽！"并赶走了蝙蝠。

　　最后，蝙蝠只能在黑夜，偷偷地飞着。

**【操作要求】**

（1）标题：居中，设为华文新魏、二号字，加着重号并加粗。

（2）所有正文段落首行缩进2个字符，左右缩进各1个字符，1.5倍行距。

（3）第1段：设为宋体、四号字、加粗。

（4）第2段：设为华文新魏、四号字、倾斜，分散对齐。

（5）第3段：设为黑体、四号字、加粗。

（6）第4段：用格式刷将该段设为同第3段一样的格式，并将字体颜色设为红色。

（7）第5段：设为宋体、四号字、倾斜，并将字体颜色设为蓝色。

（8）第6段：设为黑体、小三号字、加粗，加下画线，并将字体颜色设为红色。

（9）为整篇文档加页面边框。

（10）在所给文字的下方输入不少于3个你最喜欢的课程的名称，设置其字体为宋体、四号字，行距为固定值22磅，并加项目符号，如图3.2所示。

（11）在D盘建立一个以自己名字命名的文件夹，用于存放自己的WPS文字文档作业，该作业以"自己的名字+1"命名。

**【样本】**

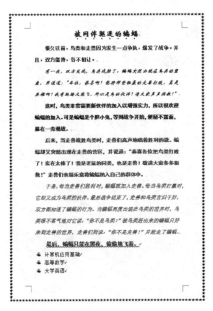

图3.2　任务二样本

## 实验二  表格的制作

### 一、实验学时

2学时。

### 二、实验目的

- 掌握使用 WPS 文字创建表格和编辑表格的基本方法。
- 掌握使用 WPS 文字设计表格格式的常用方法。
- 掌握使用 WPS 文字美化表格的方法。

### 三、相关知识

表格具有信息量大、结构严谨、数据直观等优点，使用表格可以简洁有效地将一组相关数据放在同一个正文中，因此，掌握表格制作的方法是十分必要的。

表格是用于组织数据的有用的工具之一，它以行和列的形式简明扼要地表达信息，便于读者阅读。在 WPS 文字中，用户不仅可以非常方便、快捷地创建一个新表格，还可以对表格进行编辑、修饰，如增加或删除一行（列）或多行（列）、拆分或合并单元格、调整行高（列宽）、设置表格边框及底纹等，以提升表格的美观程度，而且还能对表格中的数据进行排序及简单计算等。

在 WPS 文字中，表格功能包括创建表格、编辑与调整表格、美化表格、表格数据的处理等。

（1）创建表格的方法

① 插入表格：在文档中创建规则的表格。

② 绘制表格：在文档中创建复杂的不规则表格。

③ 快速制表：在文档中快速创建具有一定样式的表格。

（2）编辑与调整表格

① 输入文本。在输入表格内容的过程中，可以修改录入内容的字体、字号、颜色等，方法与文档的字符格式设置方法相同，都需要先选中内容再进行设置。

② 调整行高与列宽。

③ 进行单元格的合并、拆分与删除等。

④ 插入行或列。

⑤ 删除行或列。

⑥ 更改单元格对齐方式。单元格中文字的对齐方式有 9 种，默认的对齐方式是靠上左对齐。

⑦ 绘制斜线表头。

（3）美化表格

① 修改表格的框线颜色及线型。

② 为表格添加底纹。

③ 自动套用表格样式。

（4）表格数据的处理

① 把表格转换成文本。

② 对表格中的数据进行计算。

③ 对表格中的数据进行排序。

表格的调整

大学计算机基础实践教程 （第6版）（微课版）　　42

## 四、实验范例

### 1．建立表格

建立一个 6 行 3 列的表格，按表 3.1 所示输入文字，并将单元格中的文字设置为黑体、加粗、小五号字、居中，设置完成后将文件保存为"D:\biao.docx"。

**表 3.1　分公司销售额表**

|  | 香港分公司 | 北京分公司 |
| --- | --- | --- |
| 一季度销售额/万元 | 435 | 543 |
| 二季度销售额/万元 | 567 | 654 |
| 三季度销售额/万元 | 675 | 789 |
| 四季度销售额/万元 | 765 | 765 |
| 合计/万元 |  |  |

表格创建完成后，按以下步骤对表格进行操作。

① 删除表格最后一行。将光标定位到最后一行上，再单击"表格工具"选项卡→"删除"下拉按钮，在弹出的下拉列表中选择"行"命令即可。

② 在最后一行之前插入一行。将光标定位到最后一行上，再选择"表格工具"选项卡→"插入"下拉列表→"在上方插入行"命令即可。

③ 在第 3 列的左边插入一列。将光标定位到第 3 列上，再选择"表格工具"选项卡→"插入"下拉列表→"在左侧插入列"命令即可。

④ 调整表格中行高或列宽。下面以列为例进行介绍。将鼠标指针移到表格中的某一单元格，停留在表格的列分界线上，使之变为"←‖→"形状，按住鼠标左键不放，左右拖动列分界线，使之移到适当位置。行的操作与此类似，请试着操作并观察结果。

⑤ 画表格中的斜线。将光标定位在表格首行的第一个单元格中，单击"表格样式"选项卡→"斜线表头"按钮，在弹出的对话框中选择"▱"，使单元格中出现一条斜线，输入内容后调整对齐方式即可。

⑥ 调整表格在页面中的位置，使之居中显示。将光标移动到表格的任意单元格中，单击"表格工具"选项卡→"水平居中"按钮即可。

请读者自行设计并绘制复杂的不规则表格，尝试绘制不同的表格，并练习使用"表格工具""表格样式"选项卡中的相关命令。

### 2．拆分表格

如果要将"D:\biao.docx"中的表格的最后一行拆分为另一个表，可先选中表格的最后一行，再选择"表格工具"选项卡→"拆分表格"下拉列表→"按行拆分"命令，即可见到选中行的内容脱离了原表，成为一个新表。请读者试着操作，并观察结果。

### 3．表格的修饰及美化

下面以"D:\biao.docx"为例进行讲解。

（1）修改单元格中文字的对齐方式

如果要将表格第 1 列的文字设置为居中左对齐（不包括表头），则先要选中表格第 1 列中除表头以外的所有单元格，再单击功能区的"表格工具"选项卡→"左对齐"按钮即可。请读者将表格后两列文字设置为右对齐。

表格的美化

（2）修改表格边框

**分析：**在 WPS 文字文档中，用户可在表格、段落的四周或任意一边添加边框，也可在文档页面四周或任意一边添加各种边框，包括图片边框，还可为图形对象（包括文本框、自选图形、图片或导入图形）添加边框或框线。在默认情况下，所有的表格边框都为 1/2 磅的黑色单实线。

如要修改表格中的所有边框，可先单击表格中的任意位置。如要修改指定单元格的边框，则需要先选中这些单元格，然后选择"表格样式"选项卡→"边框"下拉列表→"边框和底纹"命令。在弹出的"边框和底纹"对话框中选择所需的边框样式，并确认"应用于"的范围为"表格"，最后单击"确定"按钮，即可修改表格的边框。

（3）为表格第 1 列加底纹

选中表格的第 1 列，单击"表格样式"选项卡→"底纹"下拉按钮，在弹出的下拉列表中选择所需颜色即可。

（4）自动套用表格样式

**分析**：用户设计表格时，可方便地套用 WPS 文字中已有的样式，而不必逐一修改表格的边框和底纹。

单击表格的任意单元格后，将鼠标指针移至"表格样式"选项卡中的"表格样式"组内，鼠标指针停留在哪个样式上，其效果就会自动应用到表上，如果效果满意，单击即可完成自动套用表格样式的操作。

### 4．表格转换

将表格"D:\biao.docx"中的第 2～4 行转换成文字的步骤如下。

① 选中表格的第 2～4 行，单击"表格工具"选项卡→"转为文本"按钮，将弹出"表格转换成文本"对话框。

② 在对话框内设置文本的分隔符为"逗号"，单击"确定"按钮。

实现转换后，注意观察结果。

用类似的操作可将转换出来的文本再恢复成表格形式。选中需要转换成表格的对象后，选择"插入"选项卡→"表格"下拉列表→"文本转换成表格"命令，在弹出的对话框里进行设置即可完成操作。

### 5．表格中数据的计算与排序

在 WPS 文字中，用户可以对表格中的数据进行计算与排序。较为简便的计算方法是在单元格中插入公式，排序则要根据需要选择对话框中相应的选项，具体操作这里不再详述，请读者体会其中的要领。

实验做完，正常关闭系统，并认真总结实验过程和取得的收获。

## 五、实验要求

### 任务一　制作课程表

设计表 3.2 所示的课程表。

表 3.2　课程表

| | 星期一 | 星期二 | 星期三 | 星期四 | 星期五 |
|---|---|---|---|---|---|
| 第一大节 | | | | | |
| 第二大节 | | | | | |
| 午休 | | | | | |
| 第三大节 | | | | | |
| 第四大节 | | | | | |

表格中的内容依照实际情况进行填充，然后进行如下设置。

为表格套用"中度样式1-强调1"样式，并将表中文字设为楷体、小五号字，对齐方式设为"水平居中"，将表格四周边框线的宽度调整为1.5磅，其余表格线的宽度为默认值。

## 任务二　制作求职简历

制作一份求职简历，内容如表3.3所示。

**表3.3　求职简历**

| 基本信息 | | | | | |
| --- | --- | --- | --- | --- | --- |
| 姓　　名 | | 性　　别 | | 个人相片（贴照片处） | |
| 民　　族 | | 出生年月 | | | |
| 身　　高 | | 体　　重 | | | |
| 户　　籍 | | 现所在地 | | | |
| 毕业学校 | | 学　　历 | | | |
| 专业名称 | | 毕业年份 | | | |
| 工作年限 | | 职　　称 | | | |
| 求职意向 | | | | | |
| 职位性质 | | | | | |
| 职位类别 | | | | | |
| 职位名称 | | | | | |
| 工作地区 | | | | | |
| 待遇要求 | | | | | |
| 到职时间 | | | | | |
| 技能专长 | | | | | |
| 语言能力 | | | | | |
| 教育培训 | | | | | |
| 教育经历 | 时间 | 所在学校 | | 学历 | |
| | | | | | |
| 工作经历 | | | | | |
| 所在公司 | | | | | |
| 时间范围 | | | | | |
| 公司性质 | | | | | |
| 所属行业 | | | | | |
| 担任职位 | | | | | |
| 工作描述 | | | | | |
| 其他信息 | | | | | |
| 自我评价 | | | | | |
| 发展方向 | | | | | |
| 其他要求 | | | | | |
| 联系方式 | 电话 | | | | |
| | 地址 | | | | |

## 任务三　制作个人简历

制作一份个人简历，内容如表3.4所示。

表 3.4　个人简历

| 个人概况 | 姓名：张三 | | 性别：男 | 出生年月：1997 年 11 月 |
| --- | --- | --- | --- | --- |
| | 身体状况：健康 | | 民族：汉 | 身高：176cm |
| | 专业：机械设计与制造专业 | | | |
| | 学历：本科 | | 政治面貌：党员 | |
| | 毕业院校：××工业大学 | | 通信地址：××工业大学 333#信箱 | |
| | 联系电话：136××××9999 | | 邮编：360002 | |
| 个人品质 | 诚实守信，乐于助人 | | | |
| 座右铭 | 活到老，学到老 | | | |
| 受教育情况 | 教育背景：<br>2015—2019 年　　××工业大学　　机械设计与制造专业<br>主修课程：<br>工程制图、材料力学、理论力学、机械原理、机械设计、电路理论、模拟电子技术、数字电路、微机原理、机电传动控制、工程材料学、机械制造技术基础 | | | |
| 个人能力 | 语言能力：<br>• 具有较强的语言表达能力<br>• 具有一定的英语读、写、听能力，获全国大学英语四级证书 | | | |
| 计算机水平 | • 具有良好的计算机应用能力，获全国计算机三级证书 | | | |
| 社会实践 | • 2017 年任校学生会主席<br>• 曾参加××工业大学社会实践"三下乡"活动<br>• 在校办工厂实习两个月 | | | |
| 性格特点 | 诚实，自信，有恒心，易于相处。有一定协调组织能力，适应能力强。有较强的责任心和吃苦耐劳精神 | | | |

## 实验三　图文混排

### 一、实验学时

2 学时。

### 二、实验目的

- 熟练掌握插入与删除分页符、分节符的方法。
- 熟练掌握设置页眉和页脚的方法。
- 熟练掌握分栏排版的设置方法。
- 熟练掌握页面格式的设置方法。
- 掌握插入脚注、尾注、批注的方法。
- 熟练掌握图片的插入、编辑及格式设置的方法。
- 熟练掌握智能图形插入、编辑及格式设置的方法。
- 掌握绘制和设置自选图形的基本方法。
- 掌握插入和设置文本框、艺术字的方法。
- 掌握文档打印的相关设置方法。

### 三、相关知识

在 WPS 文字中，要想使文档具有美观的效果，除了编辑和排版，还需要对其进行页面设置，包括设置页眉和页脚、纸张大小和方向、页边距、页码、文档封面、稿纸形式等。此外，有时还需要在文档中适当的位置放置一些图片以提升文档的美观程度。一篇图文并茂的文档显然比纯文字的文档更具有吸引力。

设置完成之后，还可以根据需要选择是否打印文档。

### 1．版面设计

版面设计是文档格式化的一种不可缺少的工具，使用它可以对文档进行整体修饰。版面设计的效果要在页面视图下查看。

在对长文档进行版面设计时，可以根据需要在文档中插入分页符或分节符。如果要为该文档不同的部分设置不同的版面格式（如不同的页眉和页脚、不同的页码设置等），可通过插入分节符将各部分内容分为不同的节，然后去设置各部分内容的版面格式。

### 2．页眉和页脚

页眉和页脚是指位于正文每一页的页面顶部或底部的一些描述性的文字。页眉和页脚的内容可以是书名、文档标题、日期、文件名、图片、页码等。顶部的叫页眉，底部的叫页脚。

通过插入脚注、尾注或者批注，可以为文档的某些文本内容添加注释，以说明该文本的含义和来源。

### 3．插入图形、艺术字等

在 WPS 文字文档中插入图片、自选图形、智能图形、艺术字、文本框等可以起到丰富版面、提高可读性的作用。我们可以使用功能区的相关命令对它们进行更改和编辑。

图片包括位图、扫描的图片、照片，可以通过"图片工具"选项卡中的命令等对其进行编辑和更改。要使插入的图片效果更加符合我们的需要，就需要对图片进行编辑。对图片的编辑主要包括图片的缩放、剪裁、移动、更改亮度和对比度、添加艺术效果、应用图片样式等。

艺术字是指具有特殊艺术效果的装饰性文字，可以使用多种颜色和多种字体，用户还可以为其设置阴影、发光、三维旋转等，并能对显示艺术字的形状进行边框、填充、阴影、发光、三维效果等设置。

自选图形与艺术字类似，用户可以改变其边框、填充、阴影、发光、三维旋转以及文字环绕等设置，还可以通过多个自选图形组合形成更复杂的形状。

文本框可以用来存放文本，是一种特殊的图形对象，用户可以在页面上对其进行位置和大小的调整，并能对其及其上文字设置边框、填充、阴影、发光、三维旋转等。使用文本框可以很方便地将文档内容放置到页面的指定位置，不受段落格式、页面设置等因素的影响。

### 4．智能图形

WPS 文字中的智能图形增加了大量新模板，能够帮助用户制作出精美的文档图表对象。用户可以非常方便地在文档中插入用于演示流程、层次结构、循环或者关系的智能图形。

在文档中插入智能图形的操作步骤如下。

（1）将光标定位到文档中要显示图形的位置。

（2）单击"插入"选项卡→"智能图形"按钮，打开"智能图形"对话框，如图 3.3 所示。

插入智能图形

（3）图 3.3 中，上方选项卡标签显示的是 WPS 文字提供的智能图形分类，有列表、循环、流程、时间轴、组织架构、关系、矩阵、对比等。单击某一种类别，对话框中间显示该类别下的所有智能图形的图例，将鼠标指针停留在某一图例上，在对话框右侧可以预览该种智能图形，预览图的下方显示该图形的文字介绍。

（4）单击"组织架构"分类下的组织结构图，即可在文档中插入图 3.4 所示的组织结构图。

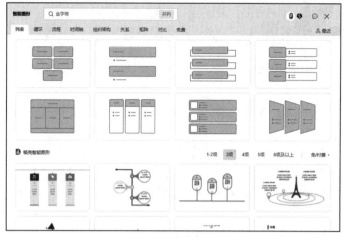

图 3.3 "智能图形"对话框

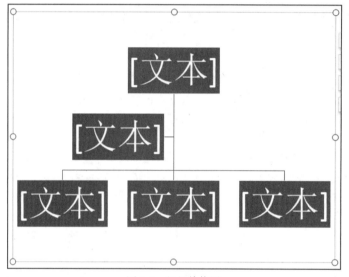

图 3.4 组织结构图

插入组织结构图后，单击图中显示"文本"的位置，然后直接输入文字即可。输入的文字按照预先设计的格式显示，当然用户也可以根据自己的需要进行更改。

在文档中插入组织结构图后，功能区会显示用于编辑智能图形的"设计"选项卡和"格式"选项卡，如图 3.5 所示，通过这两个选项卡中的智能图形工具可以对智能图形进行添加形状、更改大小、设置布局等操作，以及进行形状样式等的调整。

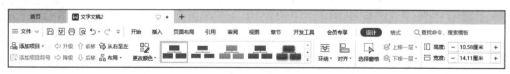

图 3.5 智能图形工具

## 四、实验范例

### 1. 添加页眉和页脚及进行设置
按以下操作步骤设置页眉和页脚。

① 创建一个新文档，保存为"D:\页眉和页脚.docx"。

② 单击"插入"选项卡→"页眉页脚"按钮，自动进入页眉空白处，输入自己的班级、学号和姓名。

③ 插入页眉时，在功能区会出现"页眉页脚"选项卡，单击"页眉页脚切换"按钮可进行页眉页脚的切换。

④ 单击"页眉页脚"选项卡→"日期和时间"按钮，在弹出的"日期和时间"对话框中选择一种日期时间格式，并选中对话框右下角的"自动更新"复选框，然后单击"确定"按钮。

⑤ 完成设置后，单击"页眉页脚"选项卡中的"关闭"按钮。

在进行页眉和页脚设置的过程中，页眉和页脚的内容会突出显示，而正文中的内容会变为灰色不可编辑。返回文档编辑状态后，页眉和页脚的内容会变为灰色。此外，还可以在页眉和页脚中显示页码并设置页码格式，或者显示作者名、文件名、文件大小以及文件标题等信息，还能设置首页不同或奇偶页不同的页眉和页脚。请读者上机进行实际操作并加以体会。

## 2. 样式

（1）样式的使用

**分析**：所谓"样式"，就是 WPS 文字内置的或用户命名并保存的一组文档字符及段落格式。用户可以将一个样式应用于任何数量的文字和段落，要更改使用同一样式的文字或段落的格式，只需更改所使用的样式，无论文档中有多少这样的文字或段落，都可一次性完成更改。

按以下操作步骤练习样式的使用。

① 新建一个名为"样式.docx"的文档，在新文档中输入文字"样式的使用"。

② 选择"开始"选项卡→"样式"组→"标题 1"样式，"样式的使用"几个字的字体、字号、段落格式等将自动变成"标题 1"的设置格式。

样式的使用

③ 保存该文件，注意观察效果。

（2）样式的创建

以"样式"组中的"标题 2"为基准样式，创建一个新的样式。操作步骤如下。

① 将光标定位于"样式的使用"文本的任意位置。

② 单击"开始"选项卡→"样式"组右下角的对话框启动器，打开"样式和格式"任务窗格。

③ 单击"样式和格式"任务窗格中的"新样式"按钮，弹出"新建样式"对话框。

④ 在"名称"文本栏内输入新建样式的名称"07 新建样式 1"，在"样式基于"下拉列表框内选择"标题 2"样式，并设置字体为黑体、小三号字、居中，字体颜色为蓝色，行距为 2 倍。

⑤ 单击"确定"按钮。

设置完成后，观察可见"07 新建样式 1"已经出现在"样式"组的样式列表中，并且"样式的使用"这几个字的格式也已经发生变化。

（3）样式的更改

将样式"07 新建样式 1"由小三号字改为一号字，由黑体改为宋体，再加上波浪线。操作步骤如下。

① 选中"样式"组中的"07 新建样式 1"样式，单击鼠标右键，在弹出的快捷菜单中选择"修改样式"命令，出现"修改样式"对话框。

② 按照要求对原来的样式进行修改。如果要设置的项目没有在对话框的"格式"区域中显示，可以单击对话框左下角的"格式"下拉按钮来完成设置。

③ 单击"确定"按钮。设置完成后，返回 WPS 文字工作窗口，观察"样式的使用"这几个字的变化。

### 3．拼写和语法

在 WPS 文字中不但可以对英文进行拼写与语法检查，还可以对中文进行拼写和语法检查，这个功能大大降低了文本输入的错误率，使单词和语法的准确性更高。

为了能够在输入文本时让 WPS 文字自动进行拼写和语法检查，需要进行一定的设置。选择"文件"→"选项"命令，弹出"选项"对话框。单击左侧列表中的"拼写检查"，之后选中对话框右侧"拼写检查"区域中的"输入时拼写检查"复选框，单击"确定"按钮。这样，WPS 文字将自动检查拼写。

WPS 文字检查到错误的单词时，就会用红色波浪线标出拼写的错误。

▶ **注意**

有些单词有其特殊性，例如，在文档中输入"Photoshop"就会被 WPS 认为是错误的，但事实上并非错误。因此，对于 WPS 文字拼写检查指出的错误，应注意甄别。

另外，用户可用手动方式进行拼写和语法检查。单击"审阅"选项卡中的"拼写检查"按钮，打开"拼写检查"对话框，在"单词不在词典中"列表框中将显示查到的错误信息，在"更改建议"列表框中则显示 WPS 文字建议替换的内容。此时若要用"更改建议"列表框中的内容替换错误文本，可以选中"更改建议"列表框中的一个替换选项后单击"更改"按钮。若要跳过此次的检查，则可单击"忽略"按钮。如果单击"添加到词典"按钮，则可将当前错误信息涉及的文本加入词典，以后检查到这些内容时，WPS 文字都将视其为正确的。

▶ **提示**

为了提高拼写检查的准确性，可以单击"自定义词典"按钮，在"自定义词典"对话框中选择用于拼写检查的词典。

实验做完，正常关闭系统，并认真总结实验过程和取得的收获。

## 五、实验要求

### 任务一　在本章实验一中任务二的基础上继续完成操作

【原文】

原文同本章实验一中任务二。

【操作要求】

（1）完成本章实验一中任务二的操作要求。

（2）页面设置：B5 纸，各边距均为 1.8 厘米，不要装订线。

（3）为第一段文字添加艺术效果，设置浅蓝色轮廓、"外部、居中偏移"阴影。为最后一段文字加拼音。

（4）在页眉处输入自己的姓名、班级、学号，并居中显示。在页脚处插入页码，居中显示。

（5）将文档中最后 3 行的内容替换为以下内容。

* Wingdings 字体里的 ☺ ☾ ☎ ⏰；
* Wingdings2 字体里的 ☏ ☞ ◈ ✖ 。

（6）插入日期，不带自动更新，并且右对齐。

（7）在 D 盘建立一个以自己的名字命名的文件夹，用于存放自己的 WPS 文字文档作业，该作业以"自己的名字+2"命名。

## 任务二 文档的高级排版

【原文】

### 端午佳节

端午节是中国的传统节日，时在农历五月初五，又名重午、端五、蒲节、女儿节、天中节等。

端有"初"的意思，故称初五为端五。夏历（农历）的正月建寅，按地支顺序，五月恰好是午月，加上古人常把五日称作午日，因而端五又称重午。端午节传遍全国各地，主要分布于广大汉族地区，壮族、布依族、侗族、土家族、仡佬族等民族也过此节。

端午节的起源有许多传说，如纪念屈原投江、始于五月五毒日的禁忌、越王勾践训练水师、纪念伍子胥投钱塘江和曹娥救父等，这些说法经过历代的编加，与端午的民俗活动结合在一起，从而形成中华民族的一个节日。

端午节的主要活动有：纪念历史人物；划龙舟；吃粽子；各种防五毒习术（贴端午符剪纸、挂艾草菖蒲、佩戴香包、兰汤沐浴等）；游戏，如玩斗草、击球、射柳等。与端午节相关的主要器具、制品有：龙舟、粽子、五毒图、艾草菖蒲、钟馗画、张天师画、屈原像等。

端午节起源于民间习俗，其中有不少活动都是健康向上的。随着社会的进步，端午节渐渐发展成为内容丰富的传统节日，有较强的生命力。端午节对研究民间习俗的发展有重大价值，由于它是多民族共享的节日且包含跨国习俗，因此对研究民族文化往来、国际文化交流、传统体育竞技、饮食文化等均有重要价值。

【操作要求】

按样本进行编辑排版，得出图 3.6 所示的效果。

图 3.6 样本

按要求完成以下设置。

（1）标题是艺术字，样式为"渐变填充-钢蓝"且居中显示，字体为黑体、36 号，环绕方式为"上下型环绕"；正文文字是小四号、宋体，每段的首行有两个汉字的缩进，第 1~2 段为行距 1.5 倍，其余段落为多倍行距 1.25 倍。

（2）纸张设置为 A4，上下左右边界均为 2cm。

（3）为正文中的第一句话设置"渐变填充-亮石板灰，内部阴影居中"的文字艺术效果。

（4）文档有特殊修饰效果，包括首字下沉并设置为红色，文字有着重号、突出显示、边框和底纹等设置，具体设置参考图 3.6 所示。

（5）插入任意两张图片，按图 3.6 所示改变其大小和位置，并设置为紧密型环绕。在第二张图片上插入一个文本框，文本框的格式设为无填充颜色并加入文字，边框设为浅蓝色、1 磅。

（6）在页眉处添加本人的院系、专业、班级、姓名、学号，文字为小五号、宋体，居中显示；在页脚处插入日期。

（7）背景设为填充纸纹 1 纹理。

# 本章拓展训练

综合运用 WPS 文字的各种编辑和排版功能，熟练使用图片、自选图形、剪贴画、艺术字、文本框和表格等文档元素，根据不同的使用需求对页面布局（包括纸张大小和方向、页边距等）、页面背景以及页眉页脚等进行灵活设置，制作出各种常见的文档。

（1）制作一张新年贺卡。

（2）制作一份校园报刊。

新年贺卡的制作

校园报刊的制作

# 第4章 WPS 表格

本章通过 3 个实验，使读者掌握工作表的创建与格式编排方法，进而掌握公式与函数的应用，学会图表的制作和数据的排序、筛选等数据管理方法。最后的拓展训练可使读者学会利用数据透视表和数据透视图对数据进行分析和汇总。

## 实验一 工作表的创建与格式编排

### 一、实验学时

2 学时。

### 二、实验目的

- 掌握 WPS 表格的基本操作方法。
- 掌握 WPS 表格各种类型数据的输入方法。
- 掌握修改数据及编辑工作表的方法与步骤。
- 掌握数据格式化的方法与步骤。
- 掌握工作簿的操作方法，包括插入、删除、移动、复制、重命名工作表等。
- 掌握格式化工作表的方法。

### 三、相关知识

在 WPS 表格中，文字通常是指字符或者任何数字和字符的组合。输入到单元格内的任何字符集，只要不被系统解释为数字、公式、日期、时间、逻辑值，那么 WPS 表格一律将其视为文字。

WPS 表格可以智能识别常见的文本型数据，当在单元格中输入长数字（如身份证号、银行卡号等）或以 0 开头的超过 5 位的数字编号（如 012345）时，WPS 表格将自动识别文本型数据，省去用户手动设置数字格式或添加半角引号（'）的麻烦。

当建立工作表时，所有的单元格都采用默认的常规数字格式。当数字的长度超过单元格的宽度时，WPS 表格将自动使用科学记数法来表示输入的数字。

在输入表格的数据时，可能有时会需要输入许多相同的内容，如性别、年份等；有时还会需要输入一些等差数列或等比数列，如编号等；当然也可以输入自定义的序列。输入这些内容的操作，可以选用 WPS 表格的填充功能来完成。

在制作工作表的过程中，还要对工作表进行格式化操作，这样有助于制作出更为醒目和美观的工作表。

## 1．WPS 表格概述

① WPS 表格的主要功能：表格制作、数据运算、数据管理、建立图表。

② WPS 表格的启动和退出方法。

③ WPS 表格的工作窗口组成：快速访问工具栏、标题栏、选项卡、窗口按钮、名称框、编辑栏、编辑区、状态栏、滚动条、工作表标签、视图模式与护眼模式按钮以及显示比例区等。

## 2．WPS 表格的基本操作

WPS 表格的基本操作如下。

（1）文件操作

① 建立新工作簿。启动 WPS 表格后，选择"文件"→"新建"命令，或者单击快速访问工具栏上的"新建"按钮□。

② 打开已有工作簿。如果要对已存在的工作簿进行编辑，就必须先打开该工作簿。选择"文件"→"打开"命令，或者单击快速访问工具栏上的"打开"按钮 □，在出现的窗口中输入文件名称或选择要打开的文件，然后单击"打开"按钮。

③ 保存工作簿。在完成对一个工作簿文件的建立、编辑后，就可将文件保存起来。若该文件已保存过，直接保存即可；若为一个新文件，则会弹出一个"另存为"对话框，用户可用新文件名保存工作簿。

④ 关闭工作簿。具体操作见主教材的相关内容。

（2）选定单元格的操作

选定单元格有以下几种情况。

① 选定单个单元格。

② 选定连续或不连续的单元格区域。

③ 选定行或列。

④ 选定所有单元格。

（3）工作表的操作

工作表的基本操作如下。

① 选定工作表。例如，选定单个工作表、多个工作表、全部工作表以及取消选定工作表。

② 重命名工作表。

③ 移动工作表。

④ 复制工作表。

⑤ 插入工作表。

⑥ 删除工作表。

⑦ 合并表格。

⑧ 拆分表格。

（4）输入数据

输入的数据主要有以下几种类型。

① 文本。

② 数值。

③ 日期和时间。

④ 批注。

⑤ 自动填充数据。

⑥ 自定义序列。

### 3．编辑工作簿

编辑工作簿包括编辑单元格和编辑工作表。

（1）编辑单元格的方法主要有以下几种。

① 编辑和清除单元格中的数据。

② 移动和复制单元格。

③ 插入单元格以及行和列。

④ 删除单元格以及行和列。

⑤ 查找和替换操作。

⑥ 给单元格加批注。

⑦ 命名单元格。

（2）编辑工作表的常见方法有以下几种。

① 设定工作表的页数。

② 激活工作表。

③ 插入工作表。

④ 删除工作表。

⑤ 移动工作表。

⑥ 复制工作表。

⑦ 重命名工作表。

⑧ 拆分与冻结工作表。

### 4．格式化工作表

格式化工作表的方法如下。

（1）设置字符、数字、日期以及对齐格式。

（2）调整行高和列宽。

（3）设置边框、底纹和颜色。

### 5．使用条件格式

条件格式基于条件更改单元格区域的外观，有助于突出显示所关注的单元格或单元格区域，强调异常值。条件格式使用数据条、颜色刻度和图标集来直观地显示数据。

（1）快速格式化。

（2）高级格式化。

### 6．套用表格格式

WPS 表格提供了一些已经制作好的表格格式，用户套用这些格式，可以制作出既漂亮又专业化的表格。

### 7．使用单元格样式

要在一个步骤中应用几种格式，并确保各个单元格格式一致，可以使用单元格样式。单元格样式是一组已定义的单元格格式，如字体和字号、数字格式、单元格边框和单元格底纹等。

（1）应用单元格样式。

（2）创建自定义单元格样式。

以上知识点的相关操作可扫描二维码观看视频。

综合案例1

## 四、实验范例

### 1. 启动 WPS 表格

启动 WPS 表格有多种方法，请思考并实际操作。

### 2. 认识 WPS 表格的工作窗口

WPS 表格的工作窗口主要包括选项卡、编辑区、状态栏等。

### 3. WPS 表格文件的建立与单元格的编辑

建立"学生成绩表"，如表 4.1 所示。

**表 4.1　学生成绩表**

| 姓名 | 课程名称 | | | | 平均成绩 |
|------|--------|------|--------|--------|--------|
| | 高等数学 | 英语 | 程序设计 | 汇编语言 | |
| 王涛 | 89 | 92 | 95 | 96 | |
| 李阳 | 78 | 89 | 84 | 88 | |
| 杨利伟 | 67 | 74 | 83 | 79 | |
| 孙书方 | 86 | 87 | 95 | 89 | |
| 郑鹏鹏 | 53 | 76 | 69 | 76 | |
| 徐巍 | 69 | 86 | 59 | 77 | |

（1）建立工作表

① 录入数据。双击工作表标签"Sheet1"，输入新名称"学生成绩表"覆盖原有名称，将表头、记录等输入表中。选中 B1 至 E1 的单元格区域，将这几个单元格合并，用同样的方法将 A1 至 A2、F1 至 F2 合并。合并后的工作表如图 4.1 所示。

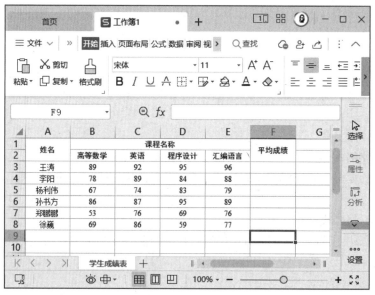

图 4.1　录入数据

② 输入标题，设置工作表格式。在表的最上方插入一个新行，使 A1 至 F1 的单元格合并居中，然后输入标题，并设置标题为楷体、22 号字、蓝色。调整行高。

③ 在表的最右边加一新列"总成绩"，如图 4.2 所示。

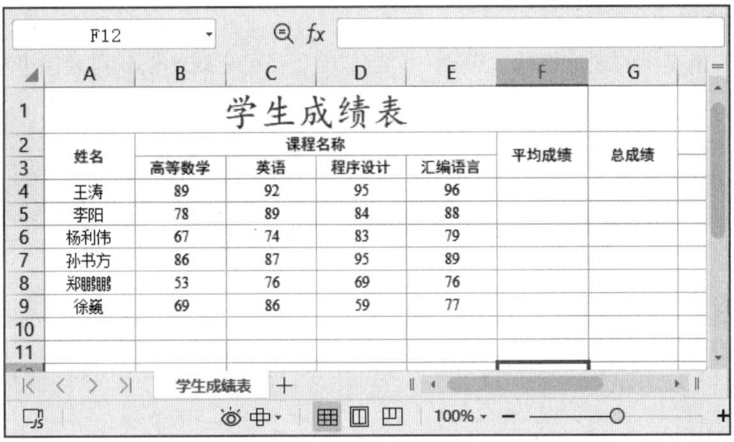

图 4.2　格式调整

（2）格式化表格

给表格加上合适的框线、底纹，如图 4.3 所示。

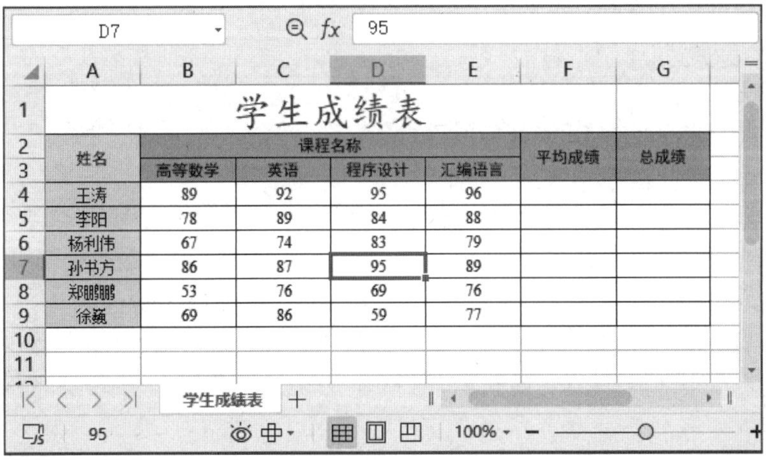

图 4.3　格式化后的表格

（3）使用条件格式

使表格中不及格的成绩突出显示，如图 4.4 所示。

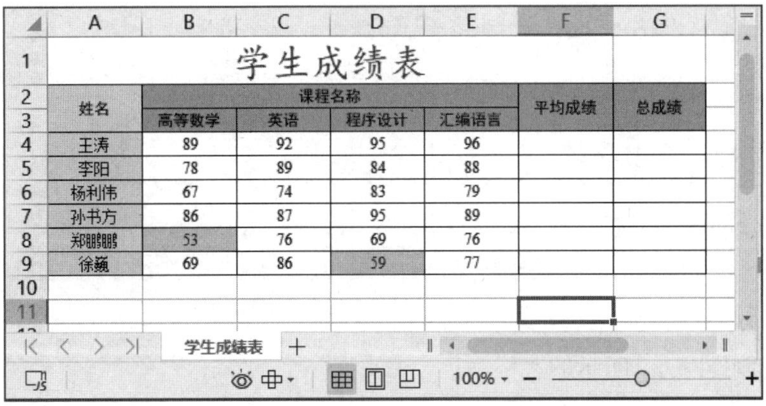

图 4.4　使用条件格式后的表格

（4）套用表格格式

利用 WPS 表格提供的表格格式，选择一个合适的、自己喜欢的格式对表格进行美化，如图 4.5 所示。

学生成绩表

| 姓名 | 课程名称 | | | | 平均成绩 | 总成绩 |
|---|---|---|---|---|---|---|
| | 高等数学 | 英语 | 程序设计 | 汇编语言 | | |
| 王涛 | 89 | 92 | 95 | 96 | | |
| 李阳 | 78 | 89 | 84 | 88 | | |
| 杨利伟 | 67 | 74 | 83 | 79 | | |
| 孙书方 | 86 | 87 | 95 | 89 | | |
| 郑鹏鹏 | 53 | 76 | 69 | 76 | | |
| 徐巍 | 69 | 86 | 59 | 77 | | |

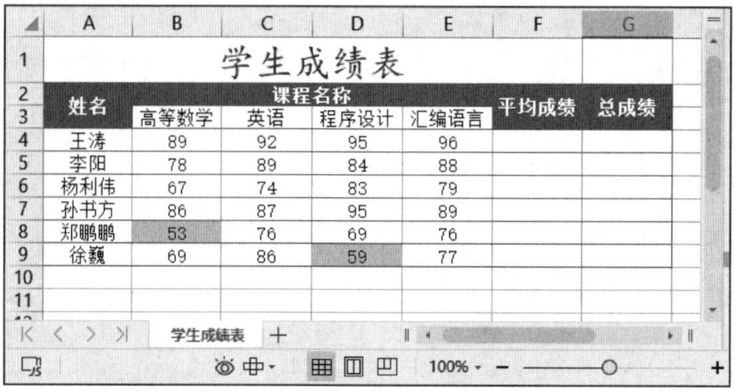

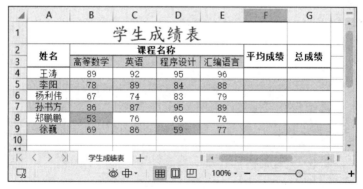

图 4.5　套用表格格式后的表格

实验做完，正常关闭系统，并认真总结实验过程和取得的收获。

## 五、实验要求

### 任务一　制作图 4.6 所示的表格并进行格式化

（1）标题：合并且居中、楷体、22 号字、蓝色、加粗。

（2）表头及第一列：宋体、11 号字、居中、加粗。

（3）将所有的数据都设置成居中显示。

（4）将不及格分数用粉红色突出显示。

（5）内框线用细线，外框线用粗线（注意使用多种方法，既可用“开始”选项卡→“字体”组→“边框”下拉列表进行设置，也可选好线型用“笔”直接画出）。结合实际操作，体会不同的方法。

（6）用“套用表格样式”功能进行格式的套用。

最后效果如图 4.6 所示。

学生成绩表

| 姓名 | 课程名称 | | | | 平均成绩 | 总成绩 |
|---|---|---|---|---|---|---|
| | 高等数学 | 英语 | 程序设计 | 汇编语言 | | |
| 王涛 | 89 | 92 | 95 | 96 | | |
| 李阳 | 78 | 89 | 84 | 88 | | |
| 杨利伟 | 67 | 74 | 83 | 79 | | |
| 孙书方 | 86 | 87 | 95 | 89 | | |
| 郑鹏鹏 | 53 | 76 | 69 | 76 | | |
| 徐巍 | 69 | 86 | 59 | 77 | | |

图 4.6　任务一表格效果图

### 任务二　制作图 4.7 所示的表格

（1）标题：合并且居中、宋体、14 号字、加粗。

（2）表头：宋体、11 号字、居中、加粗。

（3）所有的数据对齐方式参照图 4.7 所示进行设置。

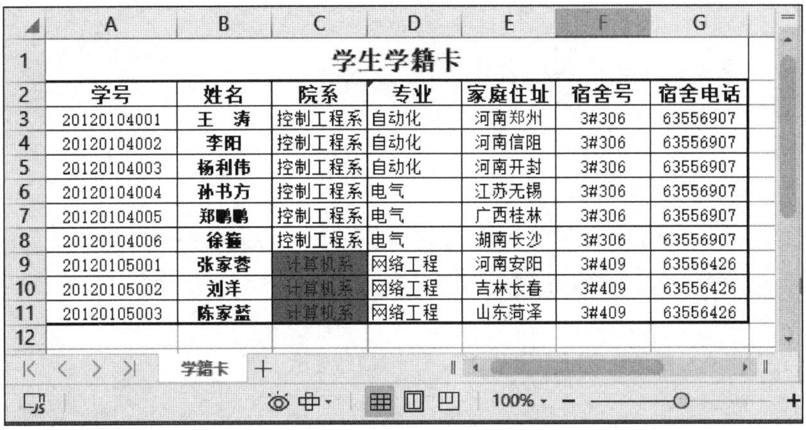

| 学生学籍卡 | | | | | | |
|---|---|---|---|---|---|---|
| 学号 | 姓名 | 院系 | 专业 | 家庭住址 | 宿舍号 | 宿舍电话 |
| 20120104001 | 王　涛 | 控制工程系 | 自动化 | 河南郑州 | 3#306 | 63556907 |
| 20120104002 | 李阳 | 控制工程系 | 自动化 | 河南信阳 | 3#306 | 63556907 |
| 20120104003 | 杨利伟 | 控制工程系 | 自动化 | 河南开封 | 3#306 | 63556907 |
| 20120104004 | 孙书方 | 控制工程系 | 电气 | 江苏无锡 | 3#306 | 63556907 |
| 20120104005 | 郑鹏鹏 | 控制工程系 | 电气 | 广西桂林 | 3#306 | 63556907 |
| 20120104006 | 徐籯 | 控制工程系 | 电气 | 湖南长沙 | 3#306 | 63556907 |
| 20120105001 | 张家蓉 | 计算机系 | 网络工程 | 河南安阳 | 3#409 | 63556426 |
| 20120105002 | 刘洋 | 计算机系 | 网络工程 | 吉林长春 | 3#409 | 63556426 |
| 20120105003 | 陈家蓝 | 计算机系 | 网络工程 | 山东菏泽 | 3#409 | 63556426 |

图 4.7　任务二表格效果图

（4）各列用合适的填充方式进行数据填充。

（5）内框线用细线，外框线用粗线。

（6）将所有含“计算机系”的单元格都设置成浅红填充色、深红色文本。

# 实验二　公式与函数的应用

## 一、实验学时

2 学时。

## 二、实验目的

- 掌握单元格相对地址与绝对地址的使用方法。
- 掌握公式的使用方法。
- 掌握常用函数的使用方法。
- 掌握复制、粘贴函数的操作方法。

## 三、相关知识

在 WPS 表格中，我们也会经常用到函数和公式。WPS 表格中的公式与函数都是以“=”开头的。

**1．单元格引用类型**

在公式中可以引用本工作簿或其他工作簿中任何单元格（或单元格区域）的数据。公式中输入的是单元格（或单元格区域）地址，引用后，公式的运算值随着被引用单元格（或单元格区域）的值的变化而变化。

根据公式被复制到其他单元格时单元格（或单元格区域）地址是否改变，可将单元格引用分为相对引用、绝对引用和混合引用 3 种类型。单元格引用的使用场合如下。

（1）同一工作簿同一工作表的单元格引用。

（2）同一工作簿不同工作表的单元格引用。

（3）不同工作簿的单元格引用。

2．公式

（1）输入公式：单击要输入公式的单元格，在单元格中首先必须输入一个等号，然后输入所要的公式，最后按<Enter>键。WPS 表格会自动计算表达式的结果，并将其显示在相应的单元格中。

（2）公式的引用：引用分为相对引用、绝对引用和混合引用。另外，读者还需要掌握同一工作簿中不同工作表的单元格引用和不同工作簿的单元格引用。

3．函数

函数实际上是一些预先定义好的特殊公式，运用一些被称为参数的特定数值按特定的顺序或结构进行计算，然后返回一个值。

（1）函数的分类：WPS 表格提供了财务函数、统计函数、时间函数、查找与引用函数、数学和三角函数等 10 类函数。一个函数包括等号、函数名称、函数参数 3 部分。函数的一般格式为“=函数名(参数)”。

（2）函数的输入：函数的输入有两种方法，一种是在单元格中直接输入函数，另一种是使用“插入函数”对话框插入函数。

（3）常用函数的使用：常用函数包括 SUM 函数、AVERAGE 函数、MAX 函数、MIN 函数、COUNT 函数、COUNTIF 函数、IF 函数、RANK 函数等。

以上知识点的相关操作可扫描二维码观看视频。

综合案例 2

## 四、实验范例

制作图 4.8 所示的表格。

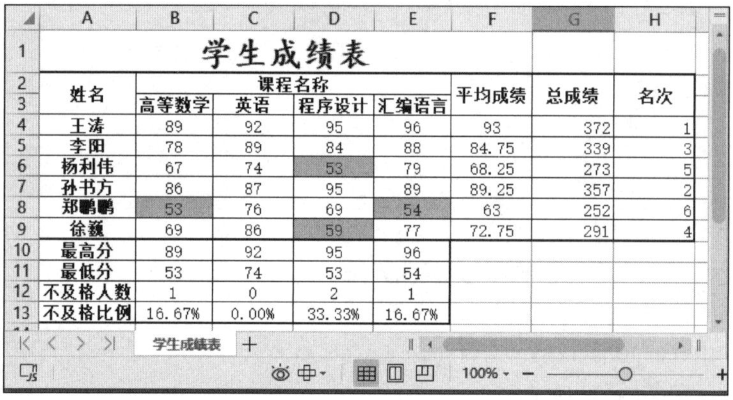

学生成绩表

| 姓名 | 课程名称 | | | | 平均成绩 | 总成绩 | 名次 |
|---|---|---|---|---|---|---|---|
| | 高等数学 | 英语 | 程序设计 | 汇编语言 | | | |
| 王涛 | 89 | 92 | 95 | 96 | 93 | 372 | 1 |
| 李阳 | 78 | 89 | 84 | 88 | 84.75 | 339 | 3 |
| 杨利伟 | 67 | 74 | 53 | 79 | 68.25 | 273 | 5 |
| 孙书方 | 86 | 87 | 95 | 89 | 89.25 | 357 | 2 |
| 郑鹏鹏 | 53 | 76 | 69 | 54 | 63 | 252 | 6 |
| 徐巍 | 69 | 86 | 59 | 77 | 72.75 | 291 | 4 |
| 最高分 | 89 | 92 | 95 | 96 | | | |
| 最低分 | 53 | 74 | 53 | 54 | | | |
| 不及格人数 | 1 | 0 | 2 | 1 | | | |
| 不及格比例 | 16.67% | 0.00% | 33.33% | 16.67% | | | |



图 4.8　实验范例表格

操作步骤如下。

（1）制作标题。在 A1 单元格中输入“学生成绩表”，将其设置成楷体、加粗、18 号字，然后将 A1 至 H1 单元格合并居中。

（2）基本内容的输入。输入 A2:A13、B2:E9、F2:H2 单元格区域的内容，如图 4.8 所示。注意，其中部分单元格需要合并。

（3）函数的应用。利用函数求得各单元格中所需数据，比如下面的函数。

F4：=AVERAGE(B4:E4)，利用填充柄拖动，得出 F5:F9 的数据。

G4：=SUM(B4:E4)，利用填充柄拖动，得出 G5:G9 的数据。

H4：=RANK(G4,$G$4:$G$9)，利用填充柄拖动，得出 H5:H9 的数据。

B10：=MAX(B4:B9)，利用填充柄拖动，得出 C10:E10 的数据。

B11：=MIN(B4:B9)，利用填充柄拖动，得出 C11:E11 的数据。

B12：=COUNTIF(B4:B9,"<60")，利用填充柄拖动，得出 C12:E12 的数据。

B13：=B12/COUNT(B4:B9)，利用填充柄拖动，得出 C13:E13 的数据，并设置比例为百分比形式，且只保留两位小数。

（4）给表格加上相应的边框，并突出显示不及格的成绩。

实验做完，正常关闭系统，并认真总结实验过程和取得的收获。

## 五、实验要求

### 任务一　常用函数的使用

制作实验范例中的表格，要求平均成绩、总成绩、名次、最高分、最低分、不及格人数及不及格比例都要用函数完成计算，熟练掌握 SUM 函数、AVERAGE 函数、MAX 函数、MIN 函数、COUNT 函数、COUNTIF 函数、IF 函数以及 RANK 函数的使用方法。

### 任务二　单元格的引用

要求掌握同一工作簿不同工作表的单元格引用的方法。

（1）打开本章实验一任务二中的“学籍卡”表格，如图 4.9 所示。

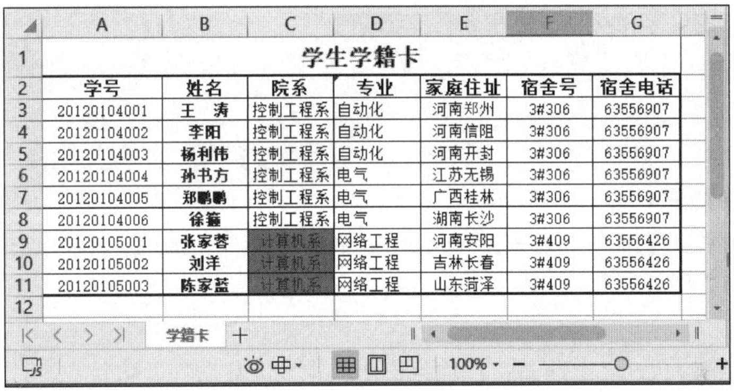

学生学籍卡

| 学号 | 姓名 | 院系 | 专业 | 家庭住址 | 宿舍号 | 宿舍电话 |
|---|---|---|---|---|---|---|
| 20120104001 | 王　涛 | 控制工程系 | 自动化 | 河南郑州 | 3#306 | 63556907 |
| 20120104002 | 李阳 | 控制工程系 | 自动化 | 河南信阳 | 3#306 | 63556907 |
| 20120104003 | 杨利伟 | 控制工程系 | 自动化 | 河南开封 | 3#306 | 63556907 |
| 20120104004 | 孙书方 | 控制工程系 | 电气 | 江苏无锡 | 3#306 | 63556907 |
| 20120104005 | 郑鹏鹏 | 控制工程系 | 电气 | 广西桂林 | 3#306 | 63556907 |
| 20120104006 | 徐巍 | 控制工程系 | 电气 | 湖南长沙 | 3#306 | 63556907 |
| 20120105001 | 张家蓉 | 计算机系 | 网络工程 | 河南安阳 | 3#409 | 63556426 |
| 20120105002 | 刘洋 | 计算机系 | 网络工程 | 吉林长春 | 3#409 | 63556426 |
| 20120105003 | 陈家蓝 | 计算机系 | 网络工程 | 山东菏泽 | 3#409 | 63556426 |

图 4.9　“学籍卡”表格

（2）在“学生成绩表”中插入新列“学号”，并合并“学号”单元格，效果如图 4.10 所示。

（3）先选定工作表“学生成绩表”中用于记录学生学号的单元格 A4，插入“=”，再分别单击工作表标签“学籍卡”及该工作表中的 A2 单元格，可以看到在编辑栏中显示出“=学籍卡!A2”，然后按<Enter>键即可完成不同工作表中单元格的引用操作，最后用填充柄将 A5 至 A9 自动填充即可。

（4）合理地调整表格外框线的位置，结果如图 4.10 所示。

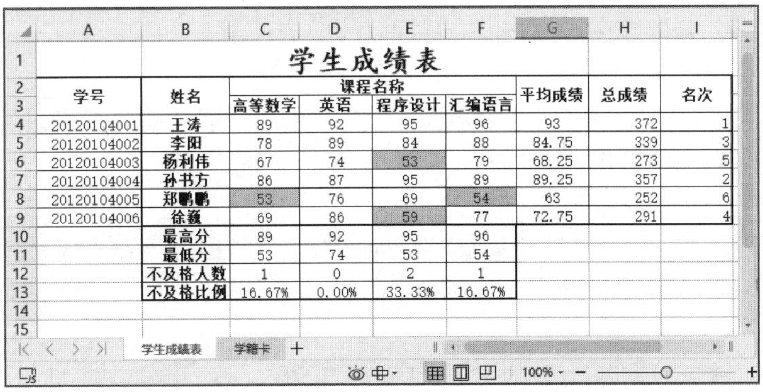

学生成绩表

| 学号 | 姓名 | 课程名称 | | | | 平均成绩 | 总成绩 | 名次 |
|---|---|---|---|---|---|---|---|---|
| | | 高等数学 | 英语 | 程序设计 | 汇编语言 | | | |
| 20120104001 | 王涛 | 89 | 92 | 95 | 96 | 93 | 372 | 1 |
| 20120104002 | 李阳 | 78 | 89 | 84 | 88 | 84.75 | 339 | 3 |
| 20120104003 | 杨利伟 | 67 | 74 | 53 | 79 | 68.25 | 273 | 5 |
| 20120104004 | 孙书方 | 86 | 87 | 95 | 89 | 89.25 | 357 | 2 |
| 20120104005 | 郑鹏鹏 | 53 | 76 | 69 | 54 | 63 | 252 | 6 |
| 20120104006 | 徐巍 | 69 | 86 | 59 | 77 | 72.75 | 291 | 4 |
| | 最高分 | 89 | 92 | 95 | 96 | | | |
| | 最低分 | 53 | 74 | 53 | 54 | | | |
| | 不及格人数 | 1 | 0 | 2 | 1 | | | |
| | 不及格比例 | 16.67% | 0.00% | 33.33% | 16.67% | | | |

图 4.10　引用学籍卡

## 一、实验学时

2 学时。

## 二、实验目的

- 掌握快速排序、复杂排序及自定义排序的方法。
- 掌握自动筛选、自定义筛选和高级筛选的方法。
- 掌握分类汇总的方法。
- 掌握合并计算的方法。
- 掌握各种图表，如柱形图、折线图、饼图等的创建方法。
- 掌握图表的编辑及格式化的操作方法。
- 掌握快速突显数据的迷你图的处理方法。
- 掌握 WPS 表格文档的页面设置方法。
- 掌握 WPS 表格文档的打印设置及打印方法。

## 三、相关知识

在 WPS 表格中，数据清单其实是对数据库表的约定称呼，它是一张二维表，在工作表中是一片连续且无空行和空列的数据区域。

WPS 表格支持对数据清单（或数据库表）进行编辑、排序、筛选、分类汇总、合并计算和创建数据透视表等各项数据管理操作。

### 1. 数据管理

WPS 表格不但具有数据计算的能力，而且提供了强大的数据管理功能。它可以运用数据的排序、筛选、分类汇总等各项功能，实现对复杂数据的分析与处理。

（1）数据排序

① 快速排序：只对单列进行升序排序或降序排序。

② 复杂排序：通过设置"排序"对话框中的多个排序条件对数据表中的数据内容进行排序。首先按照主关键字排序；对于主关键字相同的记录，则按次要关键字排序；若记录的主关键字和次要关键字都相同，则按第三关键字排序。排序时，如果要排除第一行的标题行，可选中"数据包含标题"复选框；如果数据表没有标题行，则不选中"数据包含标题"复选框。

③ 自定义排序：根据自己的特殊需要进行自定义方式的排序。

（2）数据筛选

数据筛选的主要功能是将符合要求的数据集中显示在工作表上，不符合要求的数据暂时隐藏，从而从数据库中检索出有用的数据。WPS 表格中常用的筛选操作有以下几种。

① 筛选：进行简单条件筛选。

② 自定义筛选：自定义条件进行筛选，能更加灵活地筛选出符合条件的数据。

③ 高级筛选：以用户设定的条件对数据表中的数据进行筛选，可以筛选出同时满足两个或两个以上条件的数据。

④ 撤销筛选：单击"数据"选项卡中的"筛选"按钮。

（3）分类汇总

在对数据进行排序后，可根据需要对其进行简单分类汇总和多级分类汇总。

## 2．图表创建与编辑

（1）图表创建

为使表格中的数据关系更加直观，可以将数据以图表的形式表示出来。用户通过创建图表可以更加清楚地了解各个数据之间的关系和数据的变化情况，方便对数据进行对比和分析。根据数据特征和观察角度的不同，WPS 表格提供了柱形图、折线图、饼图、条形图、面积图、散点图、股价图、雷达图、组合图、玫瑰图等图表供用户选用，每一类图表又有若干个子类型。

在 WPS 表格中，用户无论建立哪一种图表，都只需选择图表类型、图表布局和图表样式，然后就可以很轻松地创建具有专业外观的图表。

（2）图表编辑

"图表工具"选项卡用于图表编辑。

- 编辑图表中的数据。
- 数据行/列之间的快速切换。
- 选择放置图表的位置。
- 图表类型与样式的快速改变。
- 设置图表标题。
- 设置坐标轴标题。
- 通过"添加元素"下拉列表设置图表标题、图例、数据标签、数据表等。
- 设置图表的背景、分析图和属性。

（3）快速突显数据的迷你图

WPS 表格提供了"迷你图"功能，使用该功能，用户在一个单元格中便可绘制出简洁、漂亮的小图表，并且数据中潜在的价值信息也可以醒目地呈现在屏幕之上。

## 3．打印工作表

完成对工作表的数据输入、编辑和格式化工作后，就可以打印工作表了。在 WPS 表格中，表格的打印设置与 WPS 文字文档的打印设置有很多相同的地方，但也有不同的地方，如打印区域的设置、页眉和页脚的设置、打印标题的设置，以及打印网格线和行号、列号的设置等。

如果只想打印工作表某部分数据，可以先选定要打印的单元格区域，再将其设置为"打印区域"，执行"打印"命令时，就可以只打印选定的内容了。

如果想在每一页重复地打印出表头，只需单击"页面"选项卡中的"打印标题"按钮，在弹出的"页面设置"对话框中的"顶端标题行"编辑栏中输入或用鼠标选定要重复打印的行。

综合案例 3

打印之前需要先进行页面设置，再进行打印预览，当对编辑的效果感到满意时，就可以正式打印工作表了。

以上知识点的相关操作可扫描二维码观看视频。

## 四、实验范例

编辑图 4.11 所示的职员信息表，从中筛选出年龄在 20～30 岁的回族研究生、藏族副编审，以及所有文化程度为大学本科的人员的信息。

操作步骤如下。

（1）新建一个 WPS 表格文件，输入图 4.11 所示的电子表格数据。

| NO. | 姓名 | 性别 | 民族 | 籍贯 | 年龄 | 文化程度 | 现级别 | 行政职务 |
|---|---|---|---|---|---|---|---|---|
| 1 | 林海 | 男 | 汉 | 浙江杭州 | 48 | 中专 | 职员 | 编委 |
| 2 | 陈鸭 | 男 | 回 | 陕西汉中 | 29 | 研究生 | 副编审 | 组长 |
| 3 | 刘学丽 | 女 | 汉 | 山东济南 | 47 | 大学本科 | 校对 | 副主任 |
| 4 | 黄佳佳 | 女 | 汉 | 河南郑州 | 43 | 大专 | 校对 | 副总编 |
| 5 | 许瑞东 | 男 | 汉 | 北京 | 52 | 大学 | 副馆员 | 主任 |
| 6 | 王书林 | 男 | 回 | 江苏无锡 | 30 | 大学 | 职员 | 组长 |
| 7 | 程浩 | 男 | 汉 | 山东菏泽 | 54 | 大专 | 职员 | |
| 8 | 范进 | 男 | 汉 | 四川绵阳 | 47 | 研究生 | 职员 | 编委 |
| 9 | 贾晴天 | 女 | 汉 | 辽宁沈阳 | 29 | 研究生 | 编审 | |
| 10 | 王希睿 | 男 | 汉 | 辽宁营口 | 32 | 大学肄业 | 编审 | |
| 11 | 朱逸如 | 女 | 汉 | 福建南安 | 25 | 大学本科 | 编审 | 主任 |
| 12 | 夏蕊 | 女 | 满 | 湖北武汉 | 57 | 研究生 | 职员 | |
| 13 | 王聪鸭 | 男 | 藏 | 上海 | 36 | 大学本科 | 馆员 | |
| 14 | 王大根 | 男 | 汉 | 新疆哈密 | 42 | 大学 | 副编审 | |
| 15 | 胡海波 | 男 | 汉 | 山东聊城 | 23 | 大学本科 | 校对 | 组长 |
| 16 | 杨瑞明 | 男 | 汉 | 河南开封 | 25 | 大学本科 | 会计师 | |

图 4.11　职员信息表

（2）在表格的上方连续插入 4 个空行，在 A1:E4 单元格区域中输入高级筛选条件，如图 4.12 所示。

| 年龄 | 年龄 | 民族 | 文化程度 | 现级别 | | | | |
|---|---|---|---|---|---|---|---|---|
| >=20 | <=30 | 回 | 研究生 | | | | | |
| | | 藏 | | 副编审 | | | | |
| | | | 大学本科 | | | | | |
| NO. | 姓名 | 性别 | 民族 | 籍贯 | 年i | 文化程 | 现级别 | 行政职 |
| 1 | 林海 | 男 | 汉 | 浙江杭州 | 48 | 中专 | 职员 | 编委 |
| 2 | 陈鸭 | 男 | 回 | 陕西汉中 | 29 | 研究生 | 副编审 | 组长 |
| 3 | 刘学丽 | 女 | 汉 | 山东济南 | 47 | 大学本科 | 校对 | 副主任 |
| 4 | 黄佳佳 | 女 | 汉 | 河南郑州 | 43 | 大专 | 校对 | 副总编 |
| 5 | 许瑞东 | 男 | 汉 | 北京 | 52 | 大学 | 副馆员 | 主任 |
| 6 | 王书林 | 男 | 回 | 江苏无锡 | 30 | 大学 | 职员 | 组长 |
| 7 | 程浩 | 男 | 汉 | 山东菏泽 | 54 | 大专 | 职员 | |
| 8 | 范进 | 男 | 汉 | 四川绵阳 | 47 | 研究生 | 职员 | 编委 |
| 9 | 贾晴天 | 女 | 汉 | 辽宁沈阳 | 29 | 研究生 | 编审 | |
| 10 | 王希睿 | 男 | 汉 | 辽宁营口 | 32 | 大学肄业 | 编审 | |
| 11 | 朱逸如 | 女 | 汉 | 福建南安 | 25 | 大学本科 | 编审 | 主任 |
| 12 | 夏蕊 | 女 | 满 | 湖北武汉 | 57 | 研究生 | 职员 | |
| 13 | 王聪鸭 | 男 | 藏 | 上海 | 36 | 大学本科 | 馆员 | |
| 14 | 王大根 | 男 | 汉 | 新疆哈密 | 42 | 大学 | 副编审 | |
| 15 | 胡海波 | 男 | 汉 | 山东聊城 | 23 | 大学本科 | 校对 | 组长 |
| 16 | 杨瑞明 | 男 | 汉 | 河南开封 | 25 | 大学本科 | 会计师 | |

图 4.12　输入高级筛选条件

（3）首先筛选"年龄在 20～30 岁的回族研究生"，选定 B5:I21 单元格区域，单击"数据"选项卡→"筛选"按钮，可以看到在各列的右边出现了下拉按钮。单击"年龄"下拉按钮，在下拉列表中选择"数字筛选"→"大于或等于"命令，会弹出一个对话框，设置年龄"大于或等于"20 及"小于或等于"30，如图 4.13 所示，单击"确定"按钮即可，筛选结果如图 4.14 所示。

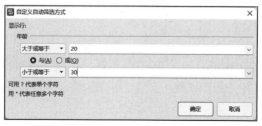

图 4.13　"自定义自动筛选方式"对话框

图 4.14 "年龄在 20~30 岁" 筛选结果

同理，分别单击"民族"与"文化程度"的下拉按钮，进行相应的选择并确认即可，筛选结果如图 4.15 所示。

图 4.15 "年龄在 20~30 岁的回族研究生" 筛选结果

（4）取消刚才的筛选，用同样的方法筛选"藏族副编审"，可发现无人符合条件。筛选"文化程度为大学本科"的人员，结果如图 4.16 所示。

图 4.16 "文化程度为大学本科" 筛选结果

（5）仔细观察结果，体会其筛选功能。

实验做完，正常关闭系统，并认真总结实验过程和取得的收获。

## 五、实验要求

从不同角度分析、比较图表数据，根据不同的管理目标选择不同的图表类型进行分析。

操作步骤如下。

（1）启动 WPS 表格，编辑图 4.17 所示的表格数据，将该表命名为"产品销量情况表"，其中"合计"行和"合计"列要求用函数求出。

（2）制作图表，并进行分析。

根据下列要求变换图表类型并进行数据分析。

图 4.17 某企业在一年内各个月各种产品的销量表

① 分析比较一年内各月各种产品的销量。选中表格中除"合计"行和"合计"列外的所有数据，

即选定单元格区域 A3:F15。选择"插入"选项卡中相应的图表类型即可完成图表的插入。例如，单击"插入"选项卡→"柱形图"下拉按钮，选取"簇状柱形图"，结果如图 4.18 所示。

　　② 分析比较一年内各种产品各月的销量。选中图 4.18 所示的图表，再单击"图表工具"选项卡→"切换行列"按钮，即可展示各种产品在各个月的销售情况，结果如图 4.19 所示。根据图表即可对各种产品各月的销售情况进行分析比较。

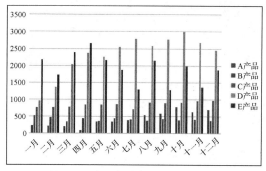

图 4.18　各月各种产品销量柱形图

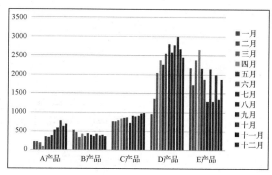

图 4.19　各种产品各月销量柱形图

　　（3）对数据进行筛选显示。例如，只显示 12 个月中销量超过 6000 件的月份，或者在 12 个月中总销量超过 20000 件的产品。试着上机操作，并观察结果。

　　（4）保存文件。

# 本章拓展训练

　　某商场电视机销售季度报表如表 4.2 所示。分别用数据透视表和数据透视图，对该商场电视机的销售情况进行以下统计分析。

　　（1）统计各销售员销售各种品牌电视机的数量。

　　（2）统计各销售员的总销售额。

　　（3）统计各种品牌电视机的总销售额。

　　（4）统计各库房的总销售额。

　　（5）通过筛选，全部或按月显示以上统计信息。

拓展训练

表 4.2　某商场电视机销售季度报表

| 序号 | 月份 | 销售员 | 品牌 | 库房 | 单价/元 | 数量/件 | 销售额/元 |
|---|---|---|---|---|---|---|---|
| 00001 | 一月 | 张三 | 海信 | 仓库 A | 3268 | 65 | 212420 |
| 00002 | 一月 | 李四 | 海信 | 仓库 A | 2169 | 127 | 275463 |
| 00003 | 一月 | 王五 | 海信 | 仓库 A | 6198 | 11 | 68178 |
| 00004 | 一月 | 张三 | TCL | 仓库 B | 5119 | 36 | 184284 |
| 00005 | 二月 | 张三 | 创维 | 仓库 C | 4688 | 82 | 384416 |
| 00006 | 二月 | 李四 | 创维 | 仓库 C | 2198 | 115 | 252770 |
| 00007 | 二月 | 赵六 | TCL | 仓库 B | 1988 | 54 | 107352 |
| 00008 | 三月 | 张三 | 康佳 | 仓库 C | 3666 | 83 | 304278 |
| 00009 | 三月 | 王五 | TCL | 仓库 B | 5668 | 15 | 85020 |

# 第5章 WPS 演示

本章将带领读者学习 WPS 演示的创建、制作、编辑、放映演示文稿的全过程，并进行拓展练习。通过本章的学习，读者可以学会根据需求制作出集文字、图形、图像、声音及视频剪辑等多媒体元素于一体的演示文稿。

## 实验一 演示文稿的创建与修饰

### 一、实验学时

2 学时。

### 二、实验目的

- 学会创建新的演示文稿。
- 学会修改演示文稿中的文字及在演示文稿中插入图片。
- 学会将模板应用在演示文稿上。
- 了解如何在演示文稿中插入声音。
- 学会使用超链接。
- 学会对演示文稿的放映进行设置。

### 三、相关知识

WPS 演示具备以下功能：

① 新建 PowerPoint 幻灯片；

② 支持.ppt、.pptx、.pot、.potx、.pps、.dps、.dpt 等文件的打开和播放，包括加密文件；

③ 全面支持 PowerPoint 各种动画效果，并支持声音和视频的播放；

④ 编辑模式下支持演示文稿编辑，可进行文字、段落、对象属性设置，可插入图片等；

⑤ 阅读模式下支持幻灯片放大、缩小，可调节屏幕亮度、增减字号等；

⑥ 与其他设备连接，同步放映当前幻灯片；

⑦ 支持 AirPlay、DLNA 播放。

初学者在制作演示文稿时要注意以下几点。

（1）注意条理性

制作演示文稿的目的，是将要叙述的问题以提纲挈领的方式表达出来，让观众一目了然。一个好的演示文稿应紧紧围绕所要表达的中心思想，划分层次段落，编制目录结构。同时，为了加深观众的印象和理解，目录结构应在演示文稿中"不厌其烦"地出现，即在演示文稿的开头要出现，以告知观众要讲解的几个要点；在段落之间也要不断出现，并对即将叙述的段落标题给予明显提示，以告知观众现在要转移话题了。

（2）自然胜过化哨

在设计演示文稿时，很多人为了使之精彩纷呈，常常煞费苦心地在幻灯片上大做文章，如添加艺术字、变换颜色、穿插五花八门的动画效果等。这样的演示看似精彩，其实往往弄巧成拙，因为样式过多会分散观众的注意力，使其不好把握内容重点，难以达到预期的演示效果。好的演示文稿要自然、简洁，最为重要的是演示方式要与主题协调配合。

（3）使用技巧实现特殊效果

为了阐明一个问题，我们经常会采用一些图示以及特殊的动画效果，但是在 WPS 演示中，预置的动画有时难以满足需求，此时可以借助一定的技巧，组合使用动画效果。还有一种情况，如果需要在演示文稿中引用其他的文档资料、图片、表格，或从某点展开阐述，此时可以使用超链接，但在使用时一定要注意"有去有回"，设置好返回链接。

## 四、实验范例

### 1．创建和保存演示文稿

（1）创建演示文稿

单击标签栏上的"+"按钮，弹出图 5.1 所示的"新建"对话框，在"Office 文档"中选择"演示"。

图 5.1 "新建"对话框

在打开的"新建演示文稿"窗口中，可以选择新建"空白演示文稿"，或者联机搜索模板，如图 5.2 所示。

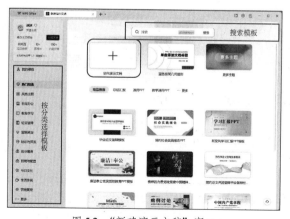

图 5.2 "新建演示文稿"窗口

（2）保存演示文稿

① 通过"文件"按钮保存演示文稿

选择"文件"→"保存"命令，如果演示文稿是第一次保存，则会弹出"另存为"窗口，由用户指定保存文件的位置和名称。需要注意的是，WPS 演示生成的文件的默认扩展名是"pptx"，这是一个非向下兼容的文件类型，如果用户希望将演示文稿保存为使用早期的 PowerPoint 版本可以打开的文件或者其他格式文件，则可以在"文件类型"下拉列表中选择"Microsoft PowerPoint 97-2003 文件"。

② 通过快速访问工具栏保存演示文稿

直接单击快速访问工具栏中的"保存"按钮 🔲。

③ 通过键盘保存演示文稿

直接按<Ctrl+S>组合键。

**2．编辑幻灯片**

（1）新建幻灯片

在演示文稿中新建幻灯片的方法有很多，下面主要介绍常用的 3 种。

① 在大纲视图的末尾按<Enter>键，会立即在演示文稿的结尾处出现一张新的幻灯片，该幻灯片直接套用前一张幻灯片的版式。

幻灯片的编辑

② 单击"开始"选项卡中的"新建幻灯片"按钮，WPS 演示会直接套用前一张幻灯片的版式插入一张新的幻灯片；若单击"新建幻灯片"下拉按钮，则会出现一些选项让用户选择。

③ 直接按<Ctrl+M>组合键。

（2）编辑、修改幻灯片

选择要编辑、修改的幻灯片，选择其中的文本、图表、剪贴画等对象，具体的编辑方法和 WPS 文字类似。

（3）删除幻灯片

① 在幻灯片浏览视图中或大纲视图中选择要删除的幻灯片，然后按<Delete>键。

② 若要删除多张幻灯片，可在工作窗口左侧的幻灯片列表中（也可切换到幻灯片浏览视图）按住<Ctrl>键依次单击要删除的幻灯片，然后按<Delete>键，即可完成所选幻灯片的"删除"操作。

（4）调整幻灯片位置

可以在普通视图和幻灯片浏览视图中调整幻灯片位置。

① 用鼠标选中要移动的幻灯片。

② 按住鼠标左键的同时拖动鼠标。

③ 将鼠标指针拖动到合适的位置后释放鼠标左键。

此外，还可以使用"剪切"和"粘贴"命令来移动幻灯片。

（5）为幻灯片编号

演示文稿创建完后，可以为全部幻灯片添加编号，其操作方法如下。

① 单击"插入"选项卡→"页眉和页脚"按钮，会出现图 5.3 所示的对话框，在对话框中进行相应的设置即可。

② 在这个对话框中，还可为演示文稿添加备注信息。切换到"备注和讲义"选项卡，为备注和讲义添加信息，如日期和时间等。

③ 根据需要，单击"全部应用"或"应用"按钮。

图 5.3 "页眉和页脚"对话框

（6）隐藏幻灯片

用户可以把暂时不需要放映的幻灯片隐藏起来，但这些幻灯片还存在于文档中。

在工作窗口左侧的幻灯片列表中用鼠标右键单击要隐藏的幻灯片，在弹出的快捷菜单中选择"隐藏幻灯片"命令，该幻灯片的编号上出现一条斜杠，表示该幻灯片已被隐藏起来。

若想取消隐藏，可再用右键单击该幻灯片，在弹出的快捷菜单中再次选择"隐藏幻灯片"命令。

### 3．在演示文稿中插入各种对象

（1）插入图片和艺术字对象

① 在普通视图中，选择要插入图片或艺术字的幻灯片。

② 根据需要，单击"插入"选项卡→"图片"下拉按钮，可以插入本地图片，可以使用手机图片或拍照，也可以进行联机搜索，找到适用的图片。

对插入对象的处理以及工具的使用方法与 WPS 文字相似。

在演示文稿中插入各种对象

（2）插入表格和图表

① 在普通视图中，选择要插入表格的幻灯片。

② 单击"插入"选项卡→"表格"下拉按钮，会出现图 5.4 所示的下拉列表。

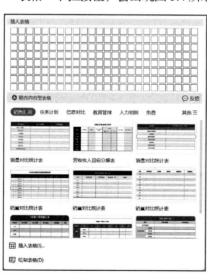

图 5.4 "表格"下拉列表

③ 用户在图 5.4 所示的方格区可直接拖动鼠标指针直到出现期望的行、列数；也可选择"插入表格"，在出现的对话框中的"行数"和"列数"数值微调框中分别输入所需的表格行数和列数；也可选择"绘制表格"，用鼠标指针先画出表格的外框，再画里面的表格线。

④ 如果要插入的是图表，单击"插入"选项卡→"图表"按钮，则会显示"图表"对话框，如图 5.5 所示，根据需要选择一种图表后单击"确定"按钮即可。将此类图表插入幻灯片后，使用鼠标右键单击图表，在弹出的快捷菜单中选择"编辑数据"或"选择数据"命令，系统会启动 WPS 表格，用户可根据需要修改表中的标题和数据，图表中则会显示变化后的数据。注意，对图表的具体操作和 WPS 表格中的图表操作相似。

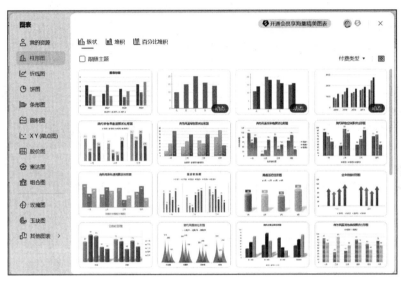

图 5.5 "图表"对话框

（3）插入智能图形

① 选择要插入智能图形的幻灯片。

② 单击"插入"选项卡→"智能图形"按钮，出现图 5.6 所示的"智能图形"对话框。

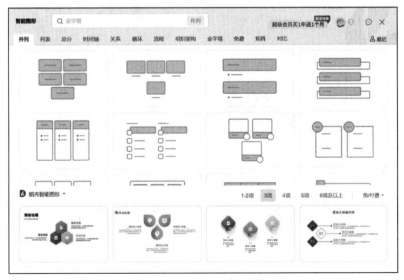

图 5.6 "智能图形"对话框

③ 选择一种智能图形，将其自动插入幻灯片。

④ 在幻灯片编辑模式下单击此智能图形，然后可通过"绘图工具"和"文本工具"选项卡对插入的智能图形进行设计。

要删除已插入的对象，可以先选中要删除的对象，然后按<Delete>键。

### 4．放映演示文稿

放映演示文稿一般有以下几种方式：从头开始放映（快捷键是<F5>）、当页开始放映（快捷键是<Shift+F5>）、演示者视图放映（快捷键是<Alt+F5>）。

（1）打开要观看的演示文稿。

（2）单击"放映"选项卡中对应的按钮即可开始放映，也可直接按快捷键。

（3）双击幻灯片列表中的某一张幻灯片，即可从这一张开始放映。

在放映的过程中，用户可通过滚动鼠标滚轮来切换幻灯片，也可单击鼠标右键，从弹出的快捷菜单中选择需要的命令。

（4）按<Esc>键退出放映。

演示文稿的放映

### 5．设置演示文稿的背景

根据前面的实验内容，准备 5 张幻灯片的演示文稿，演示内容自定，然后进行修改演示文稿背景的操作。

背景也是演示文稿外观的一部分，它包括阴影、模式、纹理、图片等。如果用户创建的是一个空白演示文稿，可以先为演示文稿设置一个合适的背景；如果是根据模板创建的演示文稿，当其背景和新建主题不一致时，也可以修改背景。设置演示文稿背景的方法如下。

演示文稿背景的设置

（1）新建一个空白演示文稿，单击"设计"选项卡→"背景"下拉按钮，弹出图 5.7 所示的下拉列表。

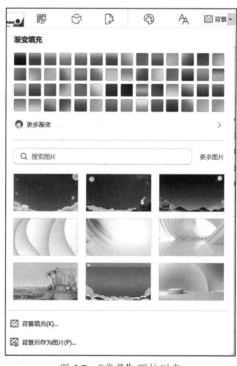

图 5.7 "背景"下拉列表

（2）可以直接选择下拉列表中给出的背景样式，也可以选择"背景填充"命令，在工作区右侧会弹出"对象属性"任务窗格，如图5.8所示。

图5.8　"对象属性"任务窗格

（3）背景有4种填充形式：纯色填充、渐变填充、图片或纹理填充、图案填充。选择一种需要的填充形式，例如，选中"图片或纹理填充"单选按钮。

（4）在"图片填充"下拉列表框中选择本地图片或者剪贴板，如图5.9所示。插入背景图片后，用户就可以对图片进行"透明度""放置方式"以及位置等的设置。

用户也可以单击"纹理填充"下拉按钮来插入纹理，如图5.10所示，其操作类似于插入图片。插入纹理后，还可以进一步对纹理进行设置。

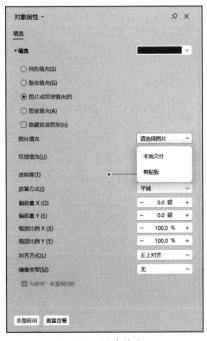

图5.9　图片填充

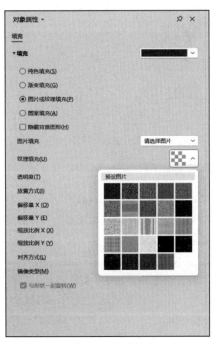

图5.10　纹理填充

（5）观看幻灯片效果，如果不太满意，可以通过"对象属性"任务窗格中的相关设置来修改显示效果。

如果要将设置的背景应用于同一演示文稿中的所有幻灯片，可以在背景设置完后，单击"对象属性"任务窗格中的"全部应用"按钮。

## 五、实验要求

### 任务一 设计中国传统节目介绍演示文稿

（1）演示文稿不能少于 5 张幻灯片。

（2）第一张幻灯片是"标题幻灯片"，其中副标题的内容必须是本人的信息，包括姓名、专业、年级、班级、学号、考号。

（3）其他幻灯片要包含与主题相关的文字、图片或艺术字。

（4）除"标题幻灯片"外，每张幻灯片上都要显示页码。

（5）选用至少两种"主题"或"背景"。

### 任务二 设计神舟九号载人航天飞行演示文稿

（1）演示文稿不能少于 10 张幻灯片。

（2）第一张幻灯片是"标题幻灯片"，其中副标题的内容必须是本人的信息，包括姓名、专业、年级、班级、学号、考号。

（3）其他幻灯片要包含与主题相关的文字、图片或艺术字。

（4）除"标题幻灯片"外，每张幻灯片上都要显示页码。

（5）选用一种"主题"或"背景"。

## 实验二 动画效果设置

### 一、实验学时

2 学时。

### 二、实验目的

- 掌握在演示文稿中自定义动画的方法。
- 掌握在演示文稿中插入声音和视频的方法。

### 三、相关知识

在 WPS 演示中，用户可以通过"动画"选项卡中的命令为幻灯片上的文本、形状、声音和其他对象设置动画，这样就可以突出重点，控制信息的展示流程，并提高演示文稿的趣味性。

#### 1. 快速预设动画效果

首先将演示文稿切换到普通视图，单击需要添加动画效果的对象，将其选中，然后单击"动画"选项卡"动画"组中的"其他"按钮，打开动画效果下拉列表，再根据自己的喜好选择合适的效果，如图 5.11 所示。如果想观看所设置的动画效果，可以单击"预览效果"按钮，演示动画效果。

#### 2. 添加动画

在幻灯片中，选中要添加自定义动画的对象，单击"动画"选项卡"动画"组中的"其他"按钮，单击某个动画效果即可将其添加到对象上。

在"动画"选项卡中单击"动画窗格"按钮，会弹出"动画窗格"任务窗格，在其中可以对动画效果进行详细的设置，如开始方式、速度等，如图5.12所示。

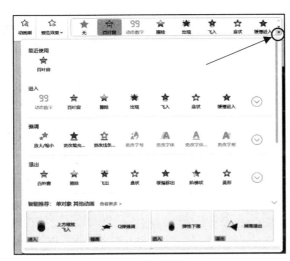

图 5.11　动画效果下拉列表

图 5.12　"动画窗格"任务窗格

为幻灯片项目或对象添加动画效果后，该项目或对象的旁边会出现一个带有数字的矩形标识。这个数字表示在这张幻灯片中该对象的动画效果的播放序号。为对象添加动画效果后可以在"动画窗格"任务窗格中看到这张幻灯片所有的动画效果，动画的播放顺序还可以通过该任务窗格中的重新排序按钮进行调整。在该任务窗格中用鼠标上下拖动需要修改播放顺序的动画效果，也可以改变动画播放的顺序。

### 3．插入声音和视频

首先将想用作背景音乐的音频文件下载至计算机，然后单击"插入"选项卡→"音频"/"视频"下拉按钮，在下拉列表中选择一种插入形式。插入后，选中幻灯片中的音频图标或视频图标，工作窗口中会显示"音频工具"/"视频工具"选项卡，用户可以进行详细设置。图5.13所示为"音频"下拉列表。

如果想为演示文稿添加贯穿整个放映过程的音乐，可以使用"链接背景音乐"或"嵌入背景音乐"命令，或者将已插入的音乐设为背景音乐。背景音乐默认设置为"跨幻灯片播放""循环播放，直至停止""放映时隐藏"。

图 5.13　"音频"下拉列表

## 四、实验范例

### 1．设置幻灯片切换效果

幻灯片的切换效果是指当前幻灯片以何种形式从屏幕上消失，以及下一页以怎样的形式出现在屏幕上。设置幻灯片的切换效果，可以使幻灯片以多种不同的形式出现在屏幕上，并且可以在切换时添加声音，从而增加演示文稿的趣味性。用户可以为一组幻灯片设置同一种切换效果，也可以为每一张幻灯片设置不同的切换效果。

幻灯片切换效果
的设置

设置幻灯片切换效果的方法如下。

（1）选择要设置切换效果的幻灯片，在"切换"选项卡中选择某一种切换效果，如图5.14所示。每选择一种切换效果，其右边"效果选项"的内容都会随之改变，用户可进一步进行设置。

图5.14　设置幻灯片切换效果

（2）用户可以在"切换"选项卡中设置切换的"速度"和"声音"，如"风铃"声，切换速度可以自定。如果在这里没有单击"应用到全部"按钮，则前面的设置只对选中的幻灯片有效。

（3）用户可设置幻灯片的换片方式是"单击鼠标时换片"或"自动换片"。若二者都选择了，则表示在自动换片时间没有到的情况下，单击也可以换片。

### 2．自定义动画效果

在WPS演示中，用户除了能够快速地设置幻灯片切换效果，还能够自定义动画效果。所谓自定义动画效果就是为幻灯片内部各个对象设置动画。

对象动画效果的
设置

自定义动画效果的方法如下。

（1）选择幻灯片中需要设置动画效果的对象，打开图5.11所示的下拉列表。

（2）下拉滚动条，选择"绘制自定义路径"中的自定义路径即可。

### 3．智能动画

在"动画窗格"任务窗格中单击"智能动画"下拉按钮，打开图5.15所示的"智能动画"下拉列表，用户可根据需要进行选择。

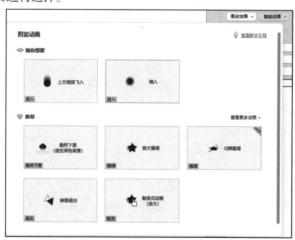

图5.15　"智能动画"下拉列表

每一个动画效果在"动画窗格"任务窗格中显示为一行内容，这行内容从左到右分别是动画的顺序号、动画效果对应的图标、对象内容。

① 在"动画窗格"任务窗格的动画效果列表中，单击需要调整播放顺序的动画效果，再单击"上移"按钮或"下移"按钮来调整该动画的播放顺序。单击"上移"按钮可将该动画的播放顺序提前一位，单击"下移"按钮可将该动画的播放顺序后移一位。

② 选中某个动画效果，按<Delete>键可把该动画效果删除。也可从右键快捷菜单中选择"删除"命令来删除某个动画效果。

③ 双击某个动画效果行，会打开一个对此动画进行详细设置的对话框。不同动画效果对应的设置项是不一样的。

④ 单击"动画窗格"任务窗格底部的"播放"按钮可以播放动画。

**4．设置超链接**

在 PowerPoint 中，超链接是指从一张幻灯片到另一张幻灯片、一个网页或一个文件的连接。超链接本身可能显示为文本或对象（如图片、形状或艺术字）。超链接文本带有下画线，超链接图片、形状和其他对象没有附加格式。读者需要掌握编辑超链接、删除超链接、编辑动作链接的方法。这些操作与 WPS 文字中的操作相似，这里不再赘述。

超链接的设置

## 五、实验要求

### 任务一　以环保为主题设计一个宣传片

（1）演示文稿不能少于 10 张幻灯片。

（2）第一张幻灯片是"标题幻灯片"，其中副标题的内容必须是本人的信息，包括姓名、专业、年级、班级、学号、考号。

（3）其他幻灯片要包含与主题相关的文字、图片或艺术字，并且这些对象要通过"添加动画"进行设置。

（4）除"标题幻灯片"外，每一张幻灯片上都要显示页码。

（5）选用一种"主题"或者"背景"。

（6）设置每张幻灯片的切换效果（至少使用 3 种）。

（7）使用超链接进行幻灯片跳转。

（8）幻灯片整体布局合理、美观大方。

### 任务二　设计一个看过的电影或电视剧海报

（1）演示文稿不能少于 10 张幻灯片。

（2）第一张幻灯片是"标题幻灯片"，其中副标题的内容必须是本人的信息，包括姓名、专业、年级、班级、学号、考号。

（3）其他幻灯片要包含与主题相关的文字、图片或艺术字，并且这些对象要通过"添加动画"进行设置。

（4）除"标题幻灯片"外，每张幻灯片上都要显示页码。

（5）选用一种"主题"或者"背景"。

（6）设置每张幻灯片的切换效果（至少使用 3 种）。

（7）使用超链接进行幻灯片跳转。

（8）幻灯片整体布局合理、美观大方。

## 实验三　文件的保存与导出

### 一、实验学时

1 学时。

### 二、实验目的

- 掌握多种格式文件的保存方法。
- 掌握导出的相关功能。

### 三、相关知识

#### 1．文件的"另存为"功能

演示文稿制作完成之后，用户一般习惯将之保存为.pptx 文件，其实，还有很多文件格式可供用户选择。在保存文件时，选择"另存为"命令，可以看到在弹出的"另存为"窗口的"文件类型"下拉列表中有多种保存格式。如果对它们巧妙地加以利用，就能满足一些特殊需要。

#### 2．文件的"导出"功能

用户除了可使用"另存为"命令把文件保存为其他类型，还可以使用"文件"→"输出为 PDF"功能把用 WPS 演示制作的演示文稿转换为 PDF 文件；也可以将其输出为图片，或对其进行文件打包等操作，以提高使用的方便程度。

### 四、实验范例

用户不但可以将演示文稿保存为默认的.pptx 文件，还可以将之保存为其他格式。选择"文件"→"另存为"命令，将弹出图 5.16 所示的窗口。然后单击"文件类型"下拉列表框，会出现图 5.17 所示的下拉列表。下面介绍几种常用的保存格式。

图 5.16　"另存为"窗口

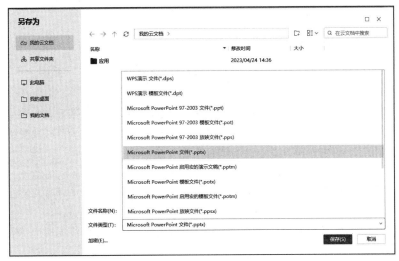

图 5.17 "文件类型"下拉列表

（1）保存为放映格式

演示文稿制作完后，可将其保存为"Microsoft PowerPoint 放映文件"（扩展名为 ppsx），保存后双击文件图标就可直接放映演示文稿，而不再出现 WPS 演示工作窗口。这样保存具有以下优点。

① 操作方便，省略了启动 WPS 演示、放映幻灯片的烦琐步骤。

② 可以避免放映时由于操作不慎而将后面的演示内容提前"曝光"。

③ 可以避免文件内容被他人意外改动而"面目全非"（这一点在公用计算机上显得尤其重要）。也许读者会担心这样保存之后无法再进一步修改，其实尽可放心，解决的对策有两个：一个是再保存一份演示文稿作为副本；另一个是将 PPSX 格式文件在 WPS 演示中打开，即可进行编辑。

（2）保存为设计模板

如果需要制作同种风格、类型的演示文稿，而 WPS 演示提供的模板又不太适用，此时用户可以精心设计一个幻灯片，然后将之保存为"WPS 演示 模板文件"（扩展名为 dpt）。这样，以后再制作同类演示文稿时，就可以调用该模板。

（3）保存为图片

WPS 演示也能充当图像编辑软件。在 WPS 演示中，调整图片格式、组合图片、在图片上添加文本都是极方便、极容易的。更可贵的是，它还提供了各种背景样式、自选图形以及大量的艺术字效果（用专业图像编辑软件制作这些特效字往往很麻烦）。同时，它还可以轻松实现对象的移动、缩放、旋转、翻转等操作。用户对编辑效果满意之后，把幻灯片保存为图片格式就可以了。WPS 演示提供了多种图片保存格式，如 GIF、JPEG、BMP、PNG 等，用户可以根据实际需要进行选择。用户还可以选择是输出全部幻灯片，还是只输出当前幻灯片。如果是输出全部幻灯片，保存后的图片会统一放在一个文件夹里。利用这种方法，用户可以把重要的演示文稿另存为图片，以备他用。

## 五、实验要求

### 任务　把演示文稿另存为多种格式文件

（1）制作一个幻灯片文件，内容自定（也可以是实验二的文件）。

（2）将该文件通过"文件"→"另存为"命令，保存为".dpt"文件。

（3）将该文件通过"文件"→"另存为"命令，保存为".ppsx"文件。

（4）将该文件通过"文件"→"另存为"命令，保存为".rtf"文件。

（5）将该文件通过"文件"→"另存为"命令，保存为".pdf"文件。

（6）分别打开上述文件，查看它们的不同之处。

# 本章拓展训练

为了更好地控制教材编写的内容、质量和流程，小王负责起草了图书策划方案（参考"图书策划方案.docx"素材文件）。他需要将"图书策划方案.docx"的内容制作为可以向教材编委会展示的演示文稿。请根据图书策划方案，按照以下要求完成演示文稿的制作。

1. 创建一个新演示文稿，内容需要包含"图书策划方案.docx"中所有的要点。

（1）演示文稿的内容编排需要严格遵循"图书策划方案.docx"的内容顺序，并仅需包含该文档中应用了"标题1""标题2""标题3"样式的文字内容。

（2）"图书策划方案.docx"中应用了"标题1"样式的文字，需要成为演示文稿中每张幻灯片的标题文字。

（3）"图书策划方案.docx"中应用了"标题2"样式的文字，需要成为演示文稿中每张幻灯片的第一级文本内容。

（4）"图书策划方案.docx"中应用了"标题3"样式的文字，需要成为演示文稿中每张幻灯片的第二级文本内容。

2. 将演示文稿中的第一张幻灯片调整为"标题幻灯片"版式。

3. 为演示文稿应用一个美观的主题样式。

4. 在标题为"2020年同类图书销量统计"的幻灯片中，插入一个6行、5列的表格，列标题分别为"图书名称""出版社""作者""定价""销量"。

5. 在标题为"新版图书创作流程示意"的幻灯片中，将文本框中包含的流程文字利用智能图形展现。

6. 在该演示文稿中创建一个放映方案，该放映方案包含第1、2、4、7张幻灯片，并将该放映方案命名为"放映方案1"。

7. 在该演示文稿中创建一个放映方案，该放映方案包含第1、2、3、5、6张幻灯片，并将该放映方案命名为"放映方案2"。

8. 保存制作完成的演示文稿，并将其命名为"WPS演示.pptx"。

# 第 6 章

# 多媒体技术及应用

主教材第 4 章以 Photoshop 2022、醒图、美图秀秀和 Premiere Pro 2022、剪映等软件为例，介绍了图像处理软件和视频处理软件的基本情况与基础操作方法。本章通过继续讲解这些软件的实例操作，使读者进一步了解图像处理软件和视频处理软件的操作方法。

## 实验一 图像处理软件

### 一、实验学时

2 学时。

### 二、实验目的

- 掌握 Photoshop 的抠图方法。
- 掌握使用 Photoshop 给图片换背景色的方法。
- 掌握醒图和美图秀秀的简单操作。

### 三、相关知识

#### 1. Photoshop 概述

Photoshop 作为专业的图像处理软件，广泛应用于平面设计、修复照片、广告摄影、影像创意、艺术文字、网页制作、建筑效果图后期修饰、绘制图形、绘制或处理三维贴图、艺术照片设计、图标制作、软件界面设计等。本书使用的版本是 Photoshop 2022。

Photoshop 2022 版本引入了多项新功能和改进，简单介绍如下。

（1）改进的对象选择工具。该工具利用 AI 技术，能自动识别和选择照片中的对象。使用此工具时，只需将鼠标指针悬停在图像上，Photoshop 便会自动显示可选对象的预览。此外，还有"显示所有对象"功能，可一次性选择所有识别出的对象。

（2）与 Illustrator 的互操作性有改进。用户可以直接将 Illustrator 文件中的图层、矢量形状、路径和矢量蒙版复制并粘贴到 Photoshop 中，保留原有的层结构和定位，使设计工作流程更加顺畅。

（3）Neural Filters 增强。包括"风景混合器""颜色传递""协调"等滤镜都得到了改进或新增功能。这些滤镜可以帮助用户更有效地进行图像合成和编辑。

（4）悬停时自动选择功能。此功能允许用户仅通过将鼠标指针悬停在图像上即可自动选择对象，简化了选区操作。

（5）改进的渐变工具。新的插值选项使渐变效果更加自然和平滑，还支持创建线性渐变和径向渐变，并可以添加、移动、编辑和删除色标。

### 2. 醒图

醒图作为一款全能修图软件，操作简单、功能强大，拥有一键美颜、面部重塑、自然美妆、肤色调整等功能，同时还提供了大量的滤镜和特效，能够满足用户的各种修图需求。

### 3. 美图秀秀

美图秀秀是一款免费的图像处理软件，操作简单，有图片特效、美容、拼图等功能。

## 四、实验范例

### 1. 用 Photoshop 2022 制作图像文字

（1）打开软件 Photoshop 2022，选择"文件"→"新建"命令，在弹出的界面中依次设置参数，单击"创建"按钮，创建新文档，如图 6.1 所示。

Photoshop 制作
图像文字

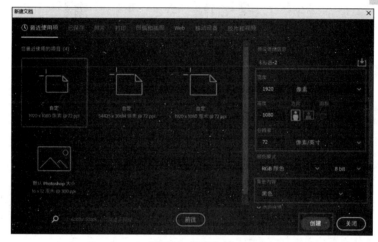

图 6.1　新建文档

（2）在工具栏中选择文字工具，单击画布，输入文字"EARTH"，并按图 6.2 所示参数设置字体和字号。

图 6.2　输入文字

（3）选择"文件"→"打开"命令，弹出"打开"对话框，选择好文件，然后单击"打开"按钮，打开素材图片，如图 6.3 所示。

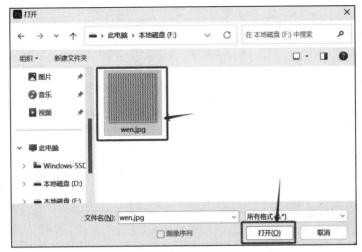

图6.3　打开素材图片

（4）选择工具栏中的"移动工具"，拖曳素材图片到文字上方，设置好后的界面如图6.4所示。

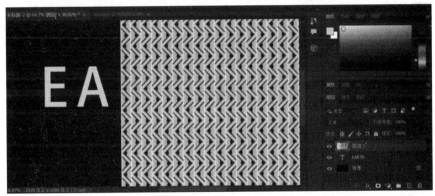

图6.4　拖动素材图片

（5）按<Ctrl+T>组合键，拖曳素材图片右上角的控制点，将图片放大，直至文字完全被覆盖，按<Enter>键确定，设置好后的界面如图6.5所示。

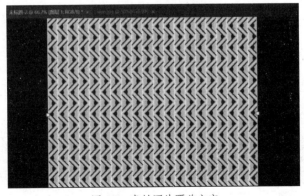

图6.5　素材图片覆盖文字

（6）在"图层"面板中用鼠标右键单击"图层1"，在弹出的快捷菜单中选择"创建剪贴蒙版"命令，如图6.6所示，操作完成后，如图6.7所示。

图 6.6　创建剪贴蒙版

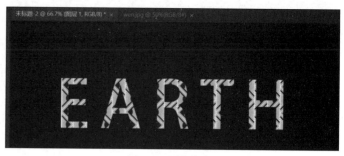

图 6.7　图像文字

### 2．Photoshop 2022 的抠图功能

（1）打开软件 Photoshop 2022，选择"文件"→"打开"命令，打开要抠取的图片，选择工具箱中的"魔棒工具"，设置好容差，然后单击背景，把背景选取出来，如图 6.8 所示。

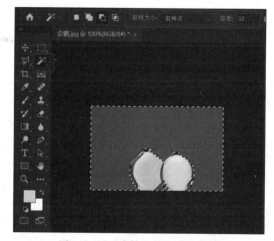

图 6.8　用"魔棒工具"选取背景

（2）选择"选择"→"修改"→"扩展"命令，打开"扩展选区"对话框，将"扩展量"设为 1，如图 6.9 所示。这样选出的图片不带背景色的边。接着按<Ctrl＋Shift＋I>组合键进行反选，如图 6.10 所示。

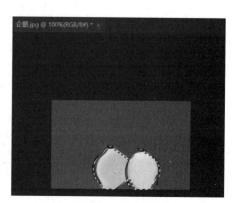

图 6.9　设置扩展量

图 6.10　反选选区

（3）在右侧的"图层"面板中双击图层，对图层进行解锁，然后单击下面的"添加图层蒙版"按钮，加上图层蒙版，实际上就是把背景色用蒙版盖住了，如图 6.11 和图 6.12 所示。

图 6.11 解锁图层和添加蒙版

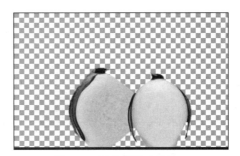

图 6.12 添加蒙版后效果

（4）选择"文件"→"打开"命令，打开一个素材 bj.jpg，如图 6.13 所示，然后在"企鹅"图层面板中用鼠标右键单击图层，在弹出的快捷菜单中选择"复制图层"命令，在打开的"复制图层"对话框中设置目标文档为刚刚打开的素材 bj.jpg，如图 6.14 所示，把抠出来的企鹅复制过去，调整位置，再加上文字。最终效果如图 6.15 所示。

图 6.13 打开素材 bj.jpg

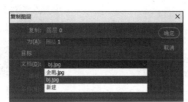

图 6.14 复制图层

图 6.15 合成效果

### 3．醒图的拼图功能

（1）打开醒图软件，点击"导入"按钮，如图 6.16 所示，然后挑选一张要作为背景的图片，接着选择"创作"项中的"贴纸"功能，如图 6.17 所示。

（2）点击"贴纸"功能后，接着点击"导入图片"按钮，如图 6.18 所示，加入需要抠图的图片；点击"智能抠图"按钮，完成后点击右下角的"确定"按钮，如图 6.19 所示。

图 6.16 导入图片

图 6.17 点击"贴纸"功能

图 6.18 导入图片

图 6.19 智能抠图

（3）调整图片位置，然后点击"合并图层"按钮，如图 6.20 所示。最终的效果如图 6.21 所示，点击右上角的"保存"按钮保存图片。

图 6.20　合并图层

图 6.21　保存图片

### 4．用美图秀秀去除图片上的文字或物品

（1）打开美图秀秀软件，单击右上方的"打开"按钮，如图 6.22 所示。

图 6.22　打开图片

（2）在弹出的对话框中找到想要去除文字或物品的图片，选中图片后，单击下方的"打开"按钮，如图 6.23 所示。

（3）选择"画笔工具"中的"消除笔"，如图 6.24 所示。

（4）可以看到鼠标指针变成了一个紫色圆形，设置画笔大小和图片的显示比例，按住鼠标左键不放，将光标移动到需要去除的文字处，文字将会消失；同理，单击图片中需要去除的物品，则物品将会消失。选择好后单击下方"应用当前效果"按钮，如图 6.25 所示。

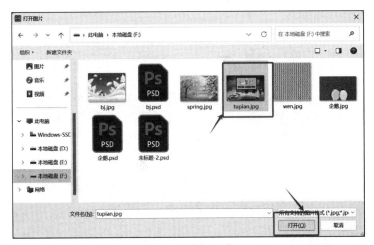

图 6.23　选择图片

图 6.24　选择"消除笔"

图 6.25　应用当前效果

（5）单击右上角的"保存"按钮，保存图片，如图 6.26 所示。

图 6.26　保存图片

## 五、实验要求

使用图像处理软件，按照上述实例完成以下几个任务。

（1）制作一个证件照的蓝底和红底照片。

（2）制作一张自己喜欢的名片。

（3）去除图 6.27 中的人物。

图 6.27　去除人物

## 实验二　视频处理软件

### 一、实验学时

2 学时。

### 二、实验目的

- 掌握使用 Premiere 进行视频处理的基本操作方法。
- 掌握使用 Premiere 制作通用倒计时片头的方法。
- 掌握使用 Premiere 添加背景音乐的方法。
- 掌握剪映的基本使用方法。

## 三、相关知识

### 1．Premiere 概述

Premiere 作为一款视频剪辑软件，在业内受到广泛欢迎。不同于市场上的其他视频剪辑软件，Premiere 的功能更为全面，包含从采集、剪辑、调色，到音频、字幕、输出等一整套流程，并与其他 Adobe 软件高效集成，足以完成视频剪辑的大部分工作，可以创建高质量的视频作品。

Premiere Pro 是一款非线性视频编辑软件，可以编辑各种素材，无论来自专业相机还是来自手机的素材都可以编辑。本书使用的版本是 Premiere Pro 2022。

### 2．剪映概述

剪映是一款视频剪辑软件，拥有全面的剪辑功能，如变速、定格及磨皮瘦脸等功能，还有丰富的曲库资源和视频素材资源。

剪映的操作界面（见图 6.28）主要包括以下几个部分。

（1）预览区：实时显示预览剪辑效果，可对文本、贴纸进行缩放、旋转、复制、删除、设置动画等操作。

（2）快捷栏区：其包含显示当前时长和总时长、播放预览、撤回和恢复操作等功能。

（3）时间线区：这是最主要的区域，在此处可看到视频素材，通过滑动视频可调整视频的时长。

（4）工具栏区：此处有一级工具栏，包括"剪辑""音频""文字""贴纸""画中画""特效""素材包""滤镜""比例""背景""调节"等功能。

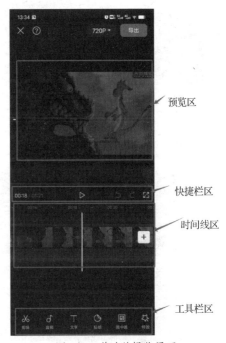

图 6.28　剪映的操作界面

## 四、实验范例

### 1．用 Premiere 制作通用倒计时片头

通用倒计时片头是一段倒计时的视频素材，常用于影片的开头，在 Premiere 中可以快速创建倒计时片头，还可以调整其中的参数，使之更适合影片。

（1）启动 Premiere Pro 2022，新建项目和序列。接着选择"文件"→"新建"→"通用倒计时片头"命令，如图 6.29 所示。弹出"新建通用倒计时片头"对话框，保持默认设置，单击"确定"按钮，如图 6.30 所示。

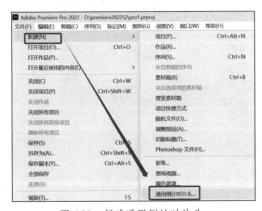

图 6.29　新建通用倒计时片头

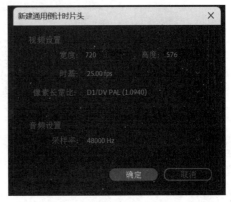

图 6.30　"新建通用倒计时片头"对话框

（2）弹出"通用倒计时设置"对话框，单击"数字颜色"后的色块，如图 6.31 所示。弹出"拾色器"对话框，设置颜色 RGB 参数为 98、88、219，单击"确定"按钮完成设置，如图 6.32 所示。

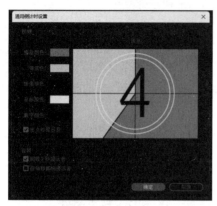
图 6.31 "通用倒计时设置"对话框

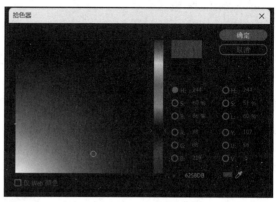
图 6.32 "拾色器"对话框

（3）单击"确定"按钮关闭对话框，此时可以看到"项目"面板中增加了"通用倒计时片头"素材，将其拖入"时间轴"面板中，如图 6.33 所示。

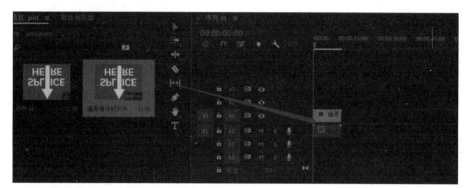
图 6.33 将片头拖入"时间轴"面板

（4）按空格键预览通用倒计时片头效果，如图 6.34 和图 6.35 所示。

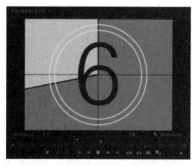
图 6.34 预览效果 1

图 6.35 预览效果 2

## 2. 添加背景音乐

好的音乐能起到烘托气氛的作用，背景音乐更是如此。下面为一个视频添加背景音乐。

（1）导入"mailang.mp3"音频素材到"项目"面板中，如图 6.36 所示，然后将音频素材拖至"源"监视器面板中，如图 6.37 所示。

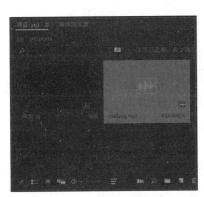

图 6.36　导入音频素材

图 6.37　将音频素材拖至"源"监视器面板

（2）在"源"监视器面板中，设置时间 00:01:10:04，单击面板下方的"标记入点"按钮，如图 6.38 所示。

（3）在"源"监视器面板中，设置时间 00:02:06:03，单击面板下方的"标记出点"按钮，如图 6.39 所示。

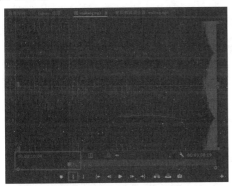

图 6.38　插入"标记入点"

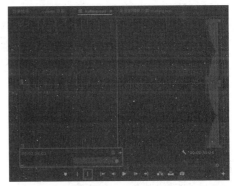

图 6.39　插入"标记出点"

（4）在"源"监视器面板中，单击下方的"仅拖动音频"按钮，如图 6.40 所示，将音频素材拖入时间轴，如图 6.41 所示。

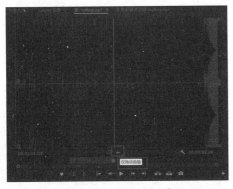

图 6.40　"源"监视器面板

图 6.41　将音频素材拖入时间轴

（5）将视频素材"mailang.mp4"导入"项目"面板中，并将其拖入时间轴，调整音频素材使二者首尾对齐，如图 6.42 所示。按空格键预览最终效果，如图 6.43 所示。

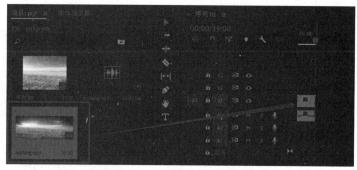

图 6.42　将视频素材拖入时间轴

图 6.43　视频添加背景音乐后的效果

### 3．用剪映制作图片视频

（1）打开剪映，点击"开始创作"按钮，如图 6.44 所示。

（2）点击"照片"按钮，选中相应的图片，然后点击"添加"按钮，如图 6.45 所示。

（3）选择图片，点击"剪辑"按钮，如图 6.46 所示。接着拖动图中的按钮，可以设置照片停留的时长，如图 6.47 所示。

图 6.44　剪映首页

图 6.45　添加照片

图 6.46　剪辑功能

图 6.47　拖动按钮

（4）设置好时长和封面后，点击图中的符号可以设置转场，如图 6.48 所示。

（5）选择一个自己喜欢的转场，点击右下角的对号，如图 6.49 所示，这样转场就设置好了。

（6）回到上一界面点击"音频"，如图 6.50 所示。

（7）选择自己喜欢的音频，进行下载和使用，如图 6.51 所示。

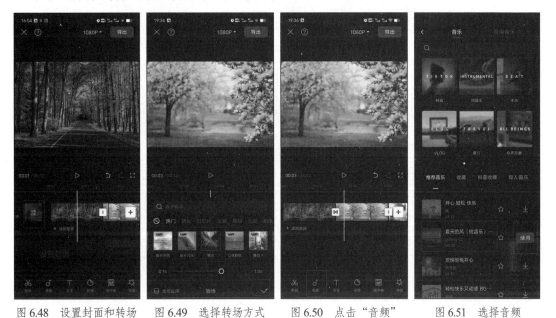

图 6.48　设置封面和转场　　图 6.49　选择转场方式　　图 6.50　点击"音频"　　图 6.51　选择音频

（8）回到上一界面点击"导出"，如图 6.52 所示。这样一个视频就基本剪辑好了，也可以继续按照自己的喜好进行预览或分享等操作，如图 6.53 所示。

图 6.52　导出视频

图 6.53　预览和分享

## 五、实验要求

使用视频处理软件，按照上述实例完成以下任务。

（1）制作四季字幕（在四季分明的 4 幅画中分别添加字幕"春""夏""秋""冬"）。

（2）用照片制作一个旅行视频，并添加背景音乐。

# 本章拓展训练

1. 使用图像处理软件，制作一寸和二寸证件照。
2. 使用醒图的抠图功能，把人物从图片中抠出来。
3. 使用美图秀秀的模板拼图功能，完成几张图片的拼接。
4. 使用视频处理软件为视频添加特效，添加转场特效等。

# 第7章 数据库基础

本章主要练习 Access 2016 的基本操作，主要包括数据库的创建、数据表的创建、数据表结构的设置、数据表记录的基本操作、查询的创建、报表的创建与设置、窗体的创建与设置等。本章拓展训练还以实际的例子对关系的创建方法进行巩固练习。通过本章的实验，读者可全面了解 Access 2016 的基本功能并掌握其使用方法。

## 实验一 数据库和表的创建

### 一、实验学时

2 学时。

### 二、实验目的

- 熟练掌握数据库的创建、打开方法，以及利用窗体查看数据库的方法。
- 掌握数据表记录的排序操作方法，以及数据筛选操作方法。
- 掌握对数据表进行编辑、修改的方法。

### 三、相关知识

**1. 设计一个数据库**

在 Access 中，设计一个合理的数据库主要在于设计合理的表以及表间的关系。设计一个 Access 数据库一般要经过以下步骤。

（1）需求分析

需求分析就是对所要解决的实际应用问题做详细的调查，以了解组织架构、业务规则，确定创建数据库的目的，确定数据库要完成哪些操作，以及需要建立哪些对象等。

（2）建立数据库

创建一个空 Access 数据库，数据库文件扩展名为 "accdb"。对数据库命名时，要使名称尽量体现数据库的内容，做到 "见名知义"。

（3）建立数据库中的表

数据库中的表是数据库的基础数据来源。确定需要建立的表，是设计数据库的关键，表设计的好坏直接影响数据库其他对象的设计及使用。

设计能够满足需要的表，要考虑以下几个方面。

① 每一个表只能包含一个主题。

② 表中不要包含重复信息。

③ 表拥有的字段个数和数据类型。

④ 字段要具有唯一性。

⑤ 所有字段的集合要包含描述表主题的全部信息。

⑥ 确定表的主键。

（4）确定表间的关系

在多个主题的表间建立关系，使数据库中的数据得到充分利用。同时，对复杂的问题，可先将其化解为简单的问题再组合，这会降低解决问题的难度。

（5）创建其他数据库对象

创建和设计查询、报表、窗体、宏和模块等数据库对象。

### 2．数据库中的对象

一个 Access 2016 数据库文件中有 7 个基本对象，它们处理所有数据的保存、检索、显示及更新。这 7 个基本对象是表、查询、窗体、报表、页、宏及模块。

表（Table）是数据库中用来存储数据的对象，它是整个数据库系统的数据源，也是数据库其他对象的基础。Access 2016 的数据表提供了一个矩阵，矩阵中的每一行称为一条记录，每一行唯一地定义了一个数据集合；矩阵中的每一列称为一个字段，字段存放不同的数据类型，具有一些相关的属性。

报表和窗体都是通过界面设计进行数据定制输出的载体。

### 3．创建数据库

创建数据库可以使用以下方法。

（1）创建空数据库

在开始使用 Access 2016 时，可选择模板中的“空白桌面数据库”，设置好数据库的存储路径和文件名后，单击“创建”按钮即可创建新的数据库。用户可根据自己的需要任意添加和设置数据库对象。设计完成后，保存设置，返回数据表视图，即可按设计好的字段添加记录。

（2）使用模板创建数据库

启动 Access 2016，在初始界面中可使用已列出的模板（如“学生”“资产跟踪”“联系人”等）或联机模板来创建数据库。

从上述模板中选择一个模板后，会出现与此模板相对应的提示信息，用户在“文件名”文本框中输入自定义的数据库文件名，并单击后面的■按钮以设置存储位置，然后单击“创建”按钮，Access 2016 就会按选中的模板自动创建新数据库，且该数据库中已有相关的表、窗体、报表等数据库对象。

创建完成后，在工作区打开相关数据表，即可添加记录或修改表结构。

### 4．数据库的打开与关闭

（1）数据库的打开

Access 2016 提供了 3 种方法来打开数据库：一是在数据库存放的路径下找到所要打开的数据库文件，直接双击将之打开；二是在 Access 2016 中选择“文件”→“打开”命令；三是在最近使用过的文档中选择相应的数据库文件快速将之打开。

（2）数据库的关闭

完成数据库操作后，若想将数据库关闭，可使用“文件”→“关闭”命令，此时只会关闭当前数据库，但不会退出 Access 2016；也可使用 Access 2016 工作窗口的“关闭”按钮来关闭数据库，此时会退出 Access 2016。

## 四、实验范例

### 1．实验内容

① 创建“学籍管理”数据库。先在数据库中创建“学生档案”数据表，表结构如表 7.1 所示。

表 7.1  "学生档案"数据表结构

| 字段名 | 类型 | 长度/字符 | 有效性规则 | 有效性文本 | 其他 |
|---|---|---|---|---|---|
| 学号 | 短文本 | 7 | | | 主键 |
| 姓名 | 短文本 | 10 | | | |
| 性别 | 短文本 | 2 | 男/女 | 性别输入错误 | 默认值为"男" |
| 出生日期 | 日期/时间 | | | | 长日期 |
| 班级 | 短文本 | 10 | | | |
| 政治面貌 | 短文本 | 8 | | | 默认值为"共青团员" |
| 入学成绩 | 数字 | | [0,100] | 成绩为百分制 | |

② 在"学生档案"数据表中输入若干条记录,如表 7.2 所示。

表 7.2  "学生档案"数据表记录

| 学号 | 姓名 | 性别 | 出生日期 | 班级 | 政治面貌 | 入学成绩 |
|---|---|---|---|---|---|---|
| 2017101 | 赵一民 | 男 | 1999-9-1 | 计算机 17-4 | 共青团员 | 89 |
| 2017102 | 王林芳 | 女 | 1999-1-12 | 计算机 17-4 | 共青团员 | 67 |
| 2017103 | 夏林 | 男 | 1998-7-4 | 计算机 17-4 | 共青团员 | 78 |
| 2017104 | 刘俊 | 男 | 1999-12-1 | 计算机 17-4 | | 88 |
| 2017106 | 张玉洁 | 女 | 1999-11-3 | 计算机 17-4 | 共青团员 | 63 |
| 2017107 | 魏春花 | 女 | 1999-9-15 | 计算机 17-4 | | 74 |
| 2017108 | 包定国 | 男 | 1999-7-4 | 计算机 17-4 | 共青团员 | 50 |
| 2017109 | 花朵 | 女 | 1999-10-2 | 计算机 17-4 | 共青团员 | 90 |

③ 删除学号为"2017104"的记录。

④ 筛选"学生档案"数据表中"入学成绩"不低于 70 分的女生信息。

⑤ 将"学生档案"数据表按"入学成绩"从高到低重新排列显示。

**2.操作步骤**

(1)创建"学籍管理"数据库

创建空白数据库的方法如下。

创建 Access
数据库

① 启动 Access 2016 时,用户可以通过图 7.1 所示的初始界面的左半部分来
打开以前使用过的数据库,也可以利用右半部分的模板新建数据库(也可以在
Access 2016 工作窗口中选择"菜单"→"新建"命令来打开类似图 7.1 所示的命
令面板)。在此,我们选择"空白桌面数据库",在弹出的对话框中指定数据库的名称为"学籍管
理.accdb",并选择该数据库文件存放的位置,如"D:\",再单击"创建"按钮,Access 2016 会自
动创建一个空白的"学籍管理"数据库,如图 7.2 所示。

图 7.1  Access 2016 初始界面

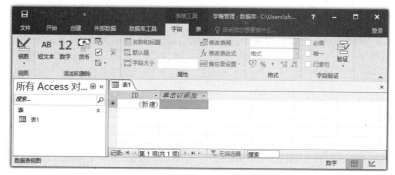

图 7.2 新建空白数据库

② 单击快速访问工具栏中的"保存"按钮（或者"文件"→"保存"命令），会出现"另存为"对话框，如图 7.3 所示。将"表 1"改为"学生档案"，单击"确定"按钮。

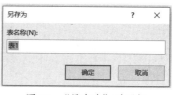

图 7.3 "另存为"对话框

数据表结构的设计

③ 选择"开始"选项卡→"视图"组→"视图"→"设计视图"，按照表 7.1 所示的数据表结构设置各字段信息。特别要注意的是"有效性规则""有效性文本"及"默认值"等属性的设置格式，图 7.4 所示为"性别"字段的设置。因为"性别"是文本类型，所以其取值"男"或"女"要用英文半角双引号引起来，另外，有效性规则要用合法的关系或逻辑表达式描述，例如，入学成绩为 0～100 分，可用"Between 0 And 100"或">=0 And <=100"来设置。各字段设置完成后，单击"保存"按钮，并关闭该设计视图。

④ 添加记录。在"学籍管理"数据库导航窗格中双击"学生档案"数据表，开始录入学生记录，如图 7.5 所示。录入完毕后选择"文件"→"保存"命令或单击快速访问工具栏中的"保存"按钮保存此数据表。

数据表记录的操作

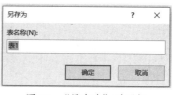

图 7.4 设置"性别"字段

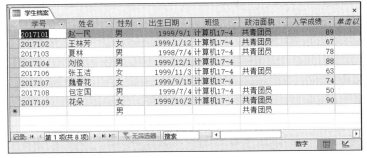

图 7.5　添加记录

（2）删除学号为"2017104"的记录

选择学号为"2017104"的记录，在该行记录左端单击鼠标右键，如图 7.6 所示，在弹出的快捷菜单中选择"删除记录"命令，即可删除该记录。如数据表中记录很多，可在图 7.6 所示界面下方的"搜索"文本框输入要查找的条件"2017104"，则 Access 2016 会直接定位到该记录，然后用上面的操作方法删除记录即可。

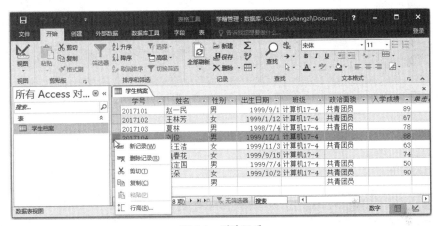

图 7.6　删除记录

（3）筛选"学生档案"数据表中"入学成绩"不低于 70 分的女生信息

① 单击"入学成绩"下拉按钮 ，在出现的下拉列表中选择"数字筛选器"中的"大于"选项，如图 7.7 所示。

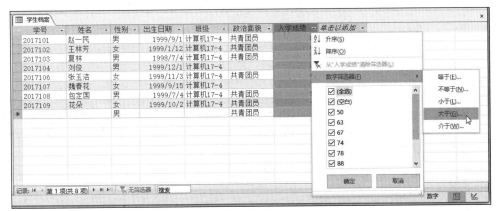

图 7.7　进行筛选设置

② 在弹出的"自定义筛选"对话框中输入"70",如图 7.8 所示。

③ 单击"性别"下拉按钮,在出现的对话框中选择"女",即可筛选出图 7.9 所示的记录。"性别"和"入学成绩"字段的右侧有筛选标记 ◥Ｔ,在表数据的下方也出现了 Ｔ 已筛选 标记。

图 7.8 "自定义筛选"对话框

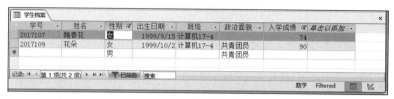

图 7.9 筛选结果

(4)将"学生档案"数据表按入学成绩从高到低重新排列显示

单击"入学成绩"下拉按钮,选择"降序"即可按入学成绩从高到低排列记录。

### 五、实验要求

创建一个学生个人信息表,字段结构按常规合理地设计,对部分字段的属性(如默认值、有效性规则、有效性文本等)进行设置,录入一些记录,并进行记录修改及筛选等操作。

## 实验二 数据表的查询

### 一、实验学时

2 学时。

### 二、实验目的

- 掌握用查询向导创建查询的方法。
- 掌握用查询设计器创建查询的方法。

### 三、相关知识

查询(Query)可用来从表中检索所需要的数据,它是对表中数据进行加工的一种重要的数据库对象。查询也是一个"表",是以数据表为基础数据源的"虚表",它可以作为表用来表示加工处理后的结果。查询结果是动态的,它以一个表、多个表或查询为基础,创建一个新的数据集作为查询的最终结果,而这一结果又可作为其他数据库对象的数据来源。查询不仅可以重组表中的数据,还可以通过计算再生新的数据。

#### 1. 查询的种类

在 Access 2016 中,查询的种类主要有选择查询、参数查询、动作查询及 SQL 查询。选择查询主要用于浏览、检索、统计数据库中的数据;参数查询是通过运行查询时的参数来定义、创建的动态查询,能更多、更方便地查找有用的信息;动作查询主要用于数据库中数据的更新、删除及生成新表,使数据库中数据的维护更便利;SQL 查询是通过 SQL 语句创建的选择查询、参数查询、数据定义查询或动作查询。

#### 2. 查询的方法

① 使用查询向导创建查询。

② 使用查询设计器创建查询。

## 四、实验范例

### 1. 实验内容

（1）用查询向导为"学生档案"数据表创建简单查询。

（2）用查询设计器为"学生档案"数据表创建查询，并显示表中入学成绩不低于 70 分的女生记录。

### 2. 操作步骤

（1）用查询向导为"学生档案"数据表创建简单查询。

① 打开要创建查询的数据库文件。

② 单击"创建"选项卡→"查询"组→"查询向导"按钮，会弹出图 7.10 所示的"新建查询"对话框。

③ 在打开的"新建查询"对话框中，选择"简单查询向导"，单击"确定"按钮。

④ 在图 7.11 所示的"简单查询向导"对话框中，先确定"表/查询"的对象，再单击 >> 按钮将"可用字段"列表框中显示的表中的所有字段添加到"选定字段"列表框中，也可以先选中单个字段，再单击 > 按钮将其添加到"选定字段"列表框中。

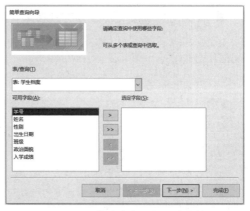

图 7.10　"新建查询"对话框　　　　　图 7.11　"简单查询向导"对话框

⑤ 添加完成后，单击"下一步"按钮，会弹出图 7.12 所示的提示对话框。

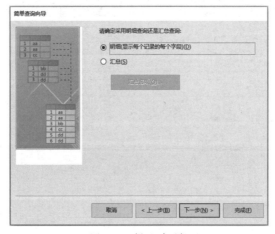

图 7.12　提示对话框

⑥ 选中默认的"明细(显示每个记录的每个字段)"单选按钮。若选中"汇总"单选按钮，再单击"汇总选项"按钮，可在弹出的对话框中选择需要计算的汇总值，然后单击"确定"按钮返回图7.12所示的对话框。再单击"下一步"按钮。在"请为查询指定标题"文本框中输入标题，单击"完成"按钮就完成了创建。

（2）用查询设计器为"学生档案"数据表创建查询，并显示表中入学成绩不低于70分的女生记录。

使用查询设计器
创建查询

① 打开要创建查询的数据库文件，单击"创建"选项卡→"查询"组→"查询设计"按钮，将弹出"显示表"对话框。

② 在对话框中选择要创建查询的"学生档案"表，单击"添加"按钮，再单击"关闭"按钮，返回"查询1"工作区，如图7.13所示，工作区上半部分显示的是待查询的表，下半部分是进行查询条件设置的设计器。

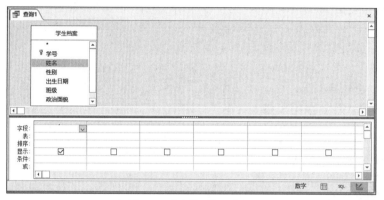

图7.13 "查询1"工作区

③ 在表中分别选中需要的字段，依次拖动到下面设计器中的"字段"行（也可单击"字段"下拉按钮 ，从下拉列表中选择某个字段）。添加字段后，在"表"行中自动显示该字段所在的表名称。

④ 在设计器中输入显示的字段及查询条件，可实现条件查询。设置查询入学成绩不低于70分的女生记录，如图7.14所示。在设计器的"显示"行，只有"学号""姓名""入学成绩"和"出生日期"的复选框被选中了，表示这些字段要在查询结果中显示出来；而"性别"对应的复选框没有被选中，表示这个字段只是在查询时使用，但在查询结果中不予显示。

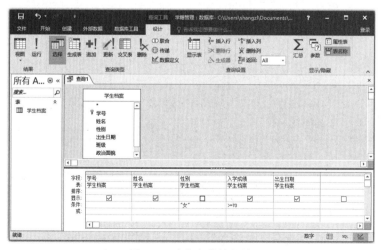

图7.14 查询条件的设置

⑤ 保存该查询为"成绩查询",则建立了一个入学成绩不低于 70 分的女生成绩查询。

在数据库对象导航窗格中可以看到已经保存的"成绩查询",双击可看到图 7.15 所示的查询结果。在 Access 2016 中,一个查询对应 3 种视图,这 3 种视图可通过"开始"选项卡→"视图"组→"视图"下拉列表中显示的 3 个选项来切换,如图 7.16 所示。

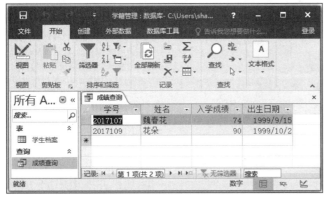

图 7.15　查询结果

图 7.16　"视图"下拉列表

图 7.14 所示是"成绩查询"查询的设计视图,图 7.15 所示是"成绩查询"查询的数据表视图,选择图 7.16 所示界面中的"视图"→"SQL 视图"命令,则可切换到 SQL 视图,如图 7.17 所示。

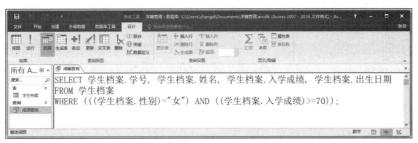

图 7.17　"成绩查询"查询的 SQL 视图

图 7.14 中,查询的两个条件"女"和">=70"被放在了同一行上,这表示两个条件之间是"并"的关系;若把这两个条件放在不同的行上,如图 7.18 所示,则表示两个条件之间是"或"的关系,其含义是查询入学成绩不低于 70 分或女生的记录,其对应的 SQL 视图如图 7.19 所示。

| 字段: | 学号 | 姓名 | 性别 | 入学成绩 | 出生日期 |
|---|---|---|---|---|---|
| 表: | 学生档案 | 学生档案 | 学生档案 | 学生档案 | 学生档案 |
| 排序: | | | | | |
| 显示: | ☑ | ☑ | ☑ | ☑ | ☑ |
| 条件: | | | "女" | | |
| 或: | | | | >=70 | |

图 7.18　"或"条件的设置

```
SELECT 学生档案.学号, 学生档案.姓名, 学生档案.入学成绩, 学生档案.出生日期
FROM 学生档案
WHERE (((学生档案.性别)="女")) OR (((学生档案.入学成绩)>=70));
```

图 7.19　"或"条件对应的 SQL 视图

数据库基础　第 7 章

### 五、实验要求

基于"学生档案"数据表创建一个查询"男生团员",查询出所有是共青团员的男生的记录,显示其学号、姓名、性别、班级、入学成绩等字段信息,并以"入学成绩"的降序排列。

## 实验二 窗体与报表的操作

### 一、实验学时

2 学时。

### 二、实验目的

- 掌握创建窗体和报表的方法。
- 熟练掌握窗体和报表的操作方法。

### 三、相关知识

#### 1. 窗体

窗体是 Access 数据库应用系统中最重要的一种数据库对象。窗体背景与前景内容的设置会给用户提供一个非常有亲和力的数据库操作环境,使数据库应用系统的操纵、控制尽在"窗体"中。

窗体作为 Access 数据库的重要组成部分,起着联系数据库与用户的桥梁作用。以窗体作为输入界面时,它可以接收用户的输入,判定其有效性、合理性,并具有一定的响应消息执行的功能。以窗体作为输出界面时,它可以输出一些记录集中的文字、图形、图像,还可以播放声音、视频、动画,实现对数据库中的多媒体数据的处理。

新建窗体通过"创建"选项卡的"窗体"组来完成。创建窗体的方法主要有以下几种。

(1)快速创建窗体。

(2)通过窗体向导创建窗体。

(3)创建分割窗体。

(4)创建多记录窗体。

(5)创建空白窗体。

(6)通过设计视图创建窗体。

窗体创建完后,主要的操作是对窗体控件和记录内容的设置。

#### 2. 报表

报表(Report)是数据库中数据输出的另一种形式。它不仅可以将数据库中的数据分析、处理结果通过打印机输出,还可以对要输出的数据完成分类小计、分组汇总等操作。报表也是 Access 2016 的重要组成部分,是以打印格式显示数据的可视性表格类型,可以通过它控制每个对象的显示方式和大小。

创建报表的方法有多种,常用的有以下 3 种。

(1)快速创建报表。

(2)创建空报表。

(3)通过报表向导创建报表。

## 四、实验范例

### 1．创建窗体

（1）快速创建窗体

快速创建窗体的方法：打开要创建窗体的数据库文件，单击"创建"选项卡→"窗体"组→"窗体"按钮，Access 2016 会以当前选中的数据对象（表、查询）为基础建立一个窗体。

（2）通过窗体向导创建窗体

窗体向导可根据用户选择的数据源表或查询、字段及窗体的布局、样式自主创建窗体。通过窗体向导可以创建出更为专业的窗体，创建方法如下。

① 打开要创建窗体的数据库文件，选中需要建立窗体的数据对象，如"学生档案"表。

② 单击"创建"选项卡→"窗体"功能组→"窗体向导"按钮。

③ 打开的"窗体向导"对话框如图 7.20 所示，在"可用字段"列表框中选择需要的字段，然后单击 > 按钮；如果要选择全部可用字段，可单击 >> 按钮。选中的可用字段或全部可用字段会被添加到"选定字段"列表框中。

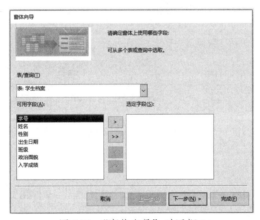

图 7.20 "窗体向导"对话框 1

④ 单击"下一步"按钮，在对话框中选择合适的布局（如纵栏表、表格、数据表、两端对齐），这里选择"纵栏表"布局，单击"下一步"按钮，在弹出的对话框中选择合适的样式，单击"下一步"按钮。在弹出的对话框中输入标题，如图 7.21 所示，然后单击"完成"按钮即可。

图 7.21 "窗体向导"对话框 2

数据库基础 第 7 章

（3）创建分割窗体

分割窗体的特点是可以同时显示数据的两种视图，即窗体视图和数据表视图。创建分割窗体的方法如下。

① 打开要创建窗体的数据库文件，选中需要建立窗体的数据对象，如"学生档案"表。

② 选择"创建"选项卡→"窗体"组→"其他窗体"→"分割窗体"命令。

③ Access 2016 自动创建出包含源数据所有字段的窗体，并以窗体视图和数据表视图两种视图显示窗体，如图 7.22 所示。

图 7.22　创建的分割窗体

（4）创建多记录窗体

普通窗体一次只显示一条记录，如果需要一个可以显示多条记录的窗体，则可以创建多记录窗体，方法如下。

① 打开要创建窗体的数据库文件，选中需要建立窗体的数据对象，如"学生档案"表。

② 选择"创建"选项卡→"窗体"组→"其他窗体"→"多个项目"命令。

③ Access 2016 将自动创建出同时显示多条记录的窗体，如图 7.23 所示。

图 7.23　创建的多记录窗体

（5）创建空白窗体

创建空白窗体的方法如下。

① 打开要创建窗体的数据库文件，选中需要建立窗体的数据对象，如"学生档案"表。

② 单击"创建"选项卡→"窗体"组→"空白窗体"按钮，Access 2016 将创建出图 7.24 所示的空白窗体。

图 7.24　创建的空白窗体

③ 单击工作窗口右侧"字段列表"任务窗格中的  显示所有表，再单击"学生档案"表名左侧的加号图标 ⊞ 以显示这个表的所有字段，然后把需要的字段拖动到空白窗体中（也可双击需要的字段把其添加到空白窗体中）。添加完需要的字段后显示效果如图 7.25 所示。

图 7.25　添加字段后的窗体

在窗体中可用鼠标右键单击某行（即某个字段），从弹出的快捷菜单中选择"删除行"命令把本行删除，也可通过拖动来改变字段的顺序。

（6）通过窗体设计视图创建窗体

在设计视图中可以对窗体内容的布局等进行调整，而且可以添加窗体的页眉页脚部分。创建方法如下。

① 打开要创建窗体的数据库和表，单击"创建"选项卡→"窗体"组→"窗体设计"按钮，弹出带有网格线的空白窗体，如图 7.26 所示。把工作窗口右侧"字段列表"任务窗格（若"字段列表"任务窗格没有显示，可通过单击"窗体

使用窗体设计
视图创建窗体

设计工具-设计"选项卡→"工具"组→"添加现有字段"按钮把它显示出来)中列出的字段拖到窗体的合适位置。

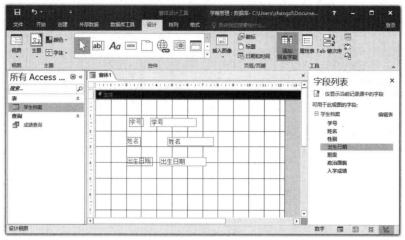

图 7.26　在设计视图中创建的窗体

② 把需要的字段都放到窗体中后,单击工作窗口右下角的"窗体视图"按钮,就可以查看窗体内容了。

(7)对窗体的操作

用户可以对窗体进行操作,主要是指对控件的操作和对记录的操作。窗体中的文本框、图像及标签等对象称为控件,用于显示数据和执行操作,用户可以通过控件来查看信息和调整窗体中信息的布局。利用窗体还可以查看数据源中的任何记录,也可以对数据源中的记录进行插入、修改等操作。

① 控件操作

控件操作主要包括调整控件的高度、宽度以及添加控件和删除控件等。这些操作需要在布局视图或设计视图中完成。单击图 7.26 所示工作窗口右下方的视图按钮可切换视图。

② 记录操作

记录操作主要包括浏览记录、添加记录、修改记录、复制记录、删除记录等,通过这些操作就可以对数据源中的信息进行查看和编辑。这些操作可通过窗体工作区底部的记录选择器来完成,如图 7.27 所示。

图 7.27　记录选择器

● 浏览记录。单击记录选择器中的 ◀ 或 ▶ 按钮,就可以依次查看所有记录;单击 ◀ 或 ▶ 按钮,就可以查看第一条记录或最后一条记录。

● 添加记录。单击记录选择器中的 ▶ 按钮,就会在表的末尾添加一条空白的新记录。

● 修改记录。选择文本框控件中的数据,然后输入新的内容。

● 复制记录。在窗体视图中,用鼠标右键单击窗体中竖线左侧的区域,在弹出的快捷菜单中选择"复制"命令;切换到目标记录,还是在窗体中竖线左侧单击鼠标右键,在弹出的快捷菜单中选择"粘贴"命令。这样,源记录中每个控件的值都被复制到目标记录的对应控件中了。也可在数据表视图中用鼠标右键单击某行前面的小灰块 ,通过弹出的快捷菜单实现复制记录的操作。

● 删除记录。在窗体视图中,单击窗体中竖线左侧的区域以选中当前记录,然后按<Delete>键或者单击"开始"选项卡→"记录"组→"删除"按钮，即可删除记录。也可在数据表视图中用鼠标右键单击某行前面的小灰块▉▉，在弹出的快捷菜单中选择"删除记录"命令，或者选中某行（单击行前面的小灰块）后按<Delete>键。

## 2．创建报表

创建报表的方法如下。

（1）快速创建报表

打开要创建报表的"学生档案"数据表，单击"创建"选项卡→"报表"组→"报表"按钮，Access 2016 就会自动创建出报表，如图 7.28 所示，这种方法适用于不需要做任何个性化设置的报表。

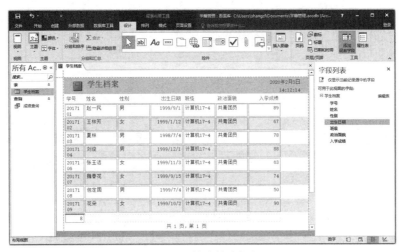

图 7.28　快速创建报表

（2）创建空报表

① 打开要创建报表的数据表或查询，单击"创建"选项卡→"报表"组→"空报表"按钮。

② Access 2016 会创建出一个没有任何内容的空报表，用户可以按照在空白窗体中添加字段的方法为其添加字段。如图 7.29 所示，可以自由拖动所需字段创建自定义报表。

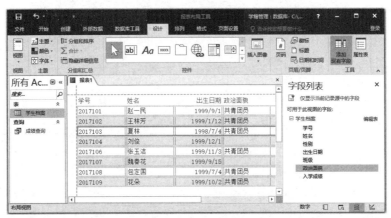

图 7.29　自定义报表

（3）通过报表向导创建报表

通过报表向导创建报表的方法如下。

① 打开要创建报表的数据库文件，单击"创建"选项卡→"报表"组→"报表向导"按钮，将

弹出"报表向导"对话框，如图7.30所示。

② 在"表/查询"下拉列表框中选择数据源，可以是表，也可以是已创建的查询，在"可用字段"列表框中选择需要的字段添加到"选定字段"列表框中，单击"下一步"按钮。

③ 在"是否添加分组级别"左侧列表框中选择字段，单击 > 按钮，选择的字段就出现在右侧列表框的最上面。图7.31所示为选择"性别"字段后的结果。

使用报表向导
创建报表

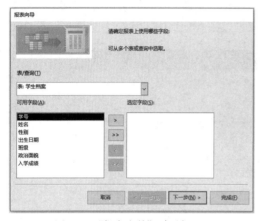

图7.30 "报表向导"对话框1

图7.31 "报表向导"对话框2

④ 单击"下一步"按钮，根据需要进行设置，如按"入学成绩"升序排列。

⑤ 单击"下一步"按钮，在打开的对话框中选择合适的"布局"和"方向"，再单击"下一步"按钮。

⑥ 在"请为报表指定标题"文本框中，输入报表的名字，单击"完成"按钮，完成报表的创建，如图7.32所示。

图7.32 以"性别"分组和以"入学成绩"升序排列的报表

（4）通过报表设计视图创建报表

通过报表设计视图创建报表的方法如下。

① 打开要创建报表的数据库文件，单击"创建"选项卡→"报表"组→"报表设计"按钮，Access 2016就会创建出带有网格线的窗体。

② 从工作窗口右侧的"字段列表"任务窗格中把需要的字段拖动到带有网格线的报表中。

③ 添加完后，单击工作窗口右下角的"报表视图"按钮，切换到报表视图，就可以查看报表。

使用报表设计
视图创建报表

### 五、实验要求

（1）基于"学生档案"数据表，创建一个窗体，显示每位学生的学号、姓名、性别、出生日期及入学成绩等字段信息。

（2）基于实验二中根据实验要求创建的"男生团员"查询，创建一个报表，并调整报表布局使其美观。

# 本章拓展训练

通过一个综合实例，熟练掌握数据库中数据表、查询、报表等几个常用对象的操作方法。具体实验步骤如下。

拓展训练

（1）新建空白数据库，并命名为"职工薪资管理"。

（2）在数据库中创建"员工信息表"数据表，表结构如表7.3所示。

**表7.3　"员工信息表"数据表结构**

| 字段名 | 类型 | 长度/字符 | 有效性规则 | 有效性文本 | 其他 |
|---|---|---|---|---|---|
| 工号 | 短文本 | 5 | | | 主键 |
| 姓名 | 短文本 | 8 | | | |
| 性别 | 短文本 | 2 | 男/女 | 性别输入错误 | 默认值为"男" |
| 出生日期 | 日期/时间 | | | | 长日期 |
| 部门 | 短文本 | 10 | | | |
| 职务 | 短文本 | 8 | | | 默认值为"职员" |

"员工信息表"字段设计如图7.33所示。

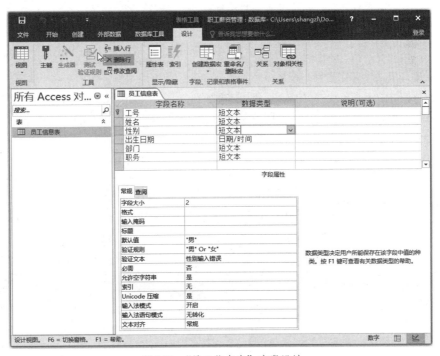

图7.33　"员工信息表"字段设计

（3）创建"薪级表"数据表，表结构如表7.4所示。

表7.4　"薪级表"数据表结构

| 字段名 | 类型 | 长度/字符 | 有效性规则 | 有效性文本 | 其他 |
|---|---|---|---|---|---|
| 职务 | 短文本 | 8 | | | 主键 |
| 基本工资 | 数字 | | | | |
| 津贴 | 数字 | | [200,5000] | 津贴200元到5000元 | 默认值为400 |

"薪级表"字段设计如图7.34所示。

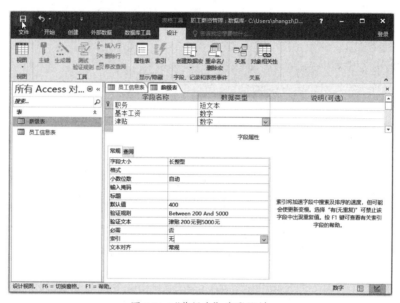

图7.34　"薪级表"字段设计

（4）建立两个表之间的关系。

从表字段的含义可以看出，"员工信息表"中的"职务"字段的值必须来自"薪级表"中的"职务"字段，即应具备参照完整性。操作方法如下：单击"数据库工具"选项卡→"关系"组→"关系"按钮，再把"薪级表"和"员工信息表"都添加到"关系"工作区中，然后拖动"员工信息表"中的"职务"字段到"薪级表"中的"职务"字段上，会显示图7.35所示的"编辑关系"对话框。选中"实施参照完整性"复选框，单击"新建"按钮，返回图7.36所示的"关系"工作区。

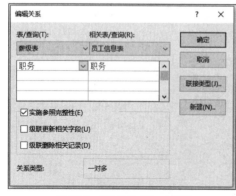

图7.35　"编辑关系"对话框

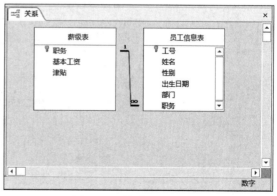

图7.36　"关系"工作区

（5）在"薪级表"中录入若干条记录，如图7.37所示。提示：由于参照完整性的限制，只有在"薪级表"中录入相应的"职务"后，才能在"员工信息表"中录入数据。

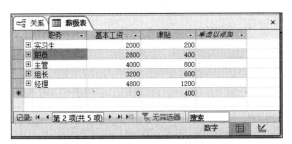

图7.37　"薪级表"中的记录

（6）在"员工信息表"中录入若干条记录，如图7.38所示。在录入"职务"的数据时，必须录入"薪级表"中已有的职务，否则就会出现图7.39所示的提示。

图7.38　"员工信息表"中的记录

图7.39　"职务"数据输入错误提示

（7）在"员工信息表"中新增一条记录"01010 王飞 男 1975/3/4 人事部 经理"，设置按"工号"升序排列显示。

（8）将"薪级表"按"基本工资"降序排列显示。

（9）创建一个查询，并命名为"人事部员工"，包含"部门"为"人事部"的所有员工的如下字段：工号、姓名、性别、出生日期、职务、基本工资、津贴。

① 单击"创建"选项卡→"查询"组→"查询设计"按钮，添加"员工信息表"和"薪级表"，如图7.40所示，两个表之间的关系是在第（4）步设置的。

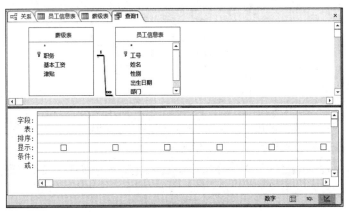

图7.40　"查询"设置

② 在下半部分的设计器中设置该查询的字段信息，如图7.41所示。注意，这里查询条件是"员

数据库基础　第7章

工信息表.部门='人事部'"，但"部门"字段信息并不在查询中显示，所以其"显示"复选框是未选中状态。

图 7.41　查询条件的设置

③ 保存该查询为"人事部员工"。双击打开该查询，看到的查询结果如图 7.42 所示。也可通过切换视图的方式查看结果。

图 7.42　"人事部员工"查询结果

④ 选择"开始"选项卡→"视图"组→"视图"→"SQL 视图"命令，可以查看该查询的 SELECT 语句，如图 7.43 所示。请读者参阅该语句，以更好地理解 SELECT 语句的格式，并通过修改该语句创建其他查询。

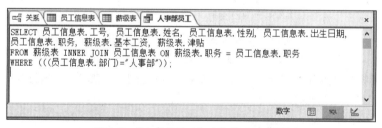

图 7.43　"人事部员工"查询的 SQL 视图

（10）以"人事部员工"查询为基础数据源，创建"人事部工资"报表。报表的基本内容有工号、姓名、职务、基本工资、津贴、实发工资，其中"实发工资"为该员工"基本工资"和"津贴"之和。

① 单击"创建"选项卡→"报表"组→"报表向导"按钮，在弹出的图 7.44 所示的对话框中选择报表来源为"查询：人事部员工"，在"可用字段"列表框中选择"工号""姓名""职务""基本工资""津贴"添加到"选定字段"列表框中。

② 按照提示，选择报表排序字段，本次选择按"工号"升序排列；再选择报表布局方式，本次选择"表格""纵向"；之后为报表指定标题，这里指定为"人事部工资"，如图 7.45 所示，接着选中"预览报表"单选按钮，即可完成图 7.46 所示的报表的初步设计。

③ 根据报表向导初步创建的报表并不能显示需要的"实发工资"字段，此时可关闭打印预览，进入图 7.47 所示的设计视图。

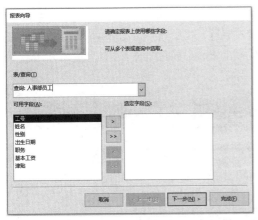

图 7.44　为报表选择字段

图 7.45　指定报表标题

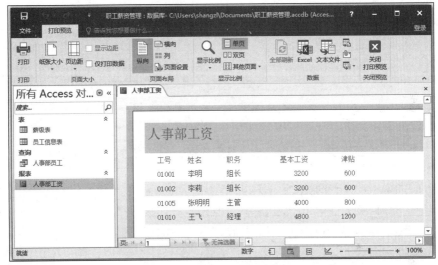

图 7.46　预览报表

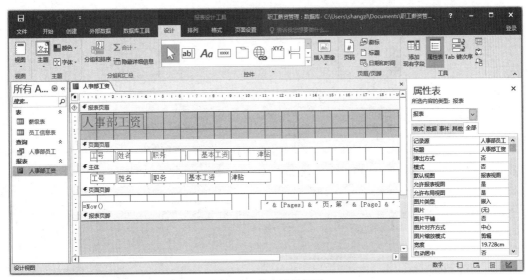

图 7.47　报表设计视图

在设计视图中，字段名称处于"页面页眉"区域，是"标签"类型，字段内容处于"主体"区域，是"文本框"类型，可以调整它们的大小、位置等属性。这里缩小"页面页眉"区域"津贴"标签的宽度，在其右边添加一个标签，并命名为"实发工资"，同时缩小"主体"区域"津贴"文本框的宽度，在其右边添加一个文本框，如图 7.48 所示。

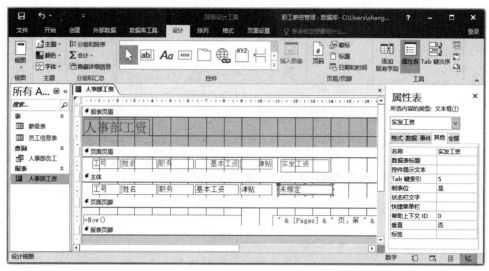

图 7.48　添加"实发工资"列

"实发工资"列虽已创建好，但它并没有绑定数据，所以该文本框并不会输出员工的实发工资。在右侧的"属性表"任务窗格中，单击"数据"选项卡中的"控件来源"属性右侧的 按钮，弹出图 7.49 所示的"表达式生成器"对话框，在表达式框中输入"[基本工资] + [津贴]"，或通过选择"表达式类别"列表框中相应的内容来实现上述公式：双击"表达式类别"列表框中的"基本工资"，然后在表达式框中输入"+"，再在"表达式类别"列表框中双击"津贴"，也可生成该表达式。

图 7.49　"表达式生成器"对话框

表达式生成后，单击"确定"按钮，即完成了报表设计。保存报表后，双击报表名称"人事部工资"，即可查看生成的报表，如图 7.50 所示。

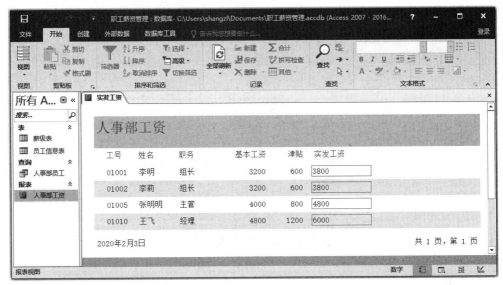

图 7.50  最终报表

从图 7.50 中可以看到，每一行只有"实发工资"列加有边框，其他列都没有加边框。另外，每列显示的宽度也需要完善。如想美化报表，可进入报表设计视图，通过"报表设计工具-设计""报表设计工具-排列"和"报表设计工具-格式"选项卡进行设计；亦可通过"报表设计工具-页面设置"选项卡进行打印排版；还可以选中某个对象，如我们添加的"实发工资"文本框，通过右边的"属性表"任务窗格对这个对象进行更多的设置，如背景色、边框样式、边框颜色、字号等属性，最终完成报表的打印输出。

# 第 **8** 章　计算机网络和信息安全

主教材第 6 章主要讲解了与网络有关的基础知识和信息安全技术。通过对本章的学习，读者应能够正确接入和配置网络，能够熟练使用电子邮箱；了解信息安全的重要性以及常用的预防计算机中毒的方法。

## 实验一　**Internet** 的接入与浏览器的使用

### 一、实验学时

2 学时。

### 二、实验目的

- 掌握 Internet 的接入方法。
- 掌握浏览器的基本操作方法。
- 学会保存网页上的信息。
- 掌握浏览器主页的设置方法。

无线路由器
上网设置

### 三、实验要求

#### 1．通过"Windows 设置"窗口完成网络连接

在 Windows 10 系统中可以非常方便地建立与 Internet 的连接：首先选择 Windows 10 的"开始"→"设置"命令（见图 8.1），进入图 8.2 所示的"Windows 设置"窗口，选择"网络和 Internet"，进入图 8.3 所示的"网络和 Internet"窗口，然后可以选择用各种方式与 Internet 相连接，不同的连接方式需要进行不同的网络设置。

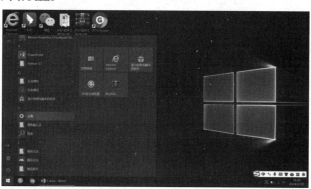

图 8.1　选择"设置"命令

图 8.2 "Windows 设置"窗口

图 8.3 "网络和 Internet"窗口

## 2．通过 Windows 系统的控制面板完成网络连接

选择 Windows 10 的 "开始" → "Windows 系统" → "控制面板" 命令，如图 8.4 所示，然后打开图 8.5 所示的 "所有控制面板项" 窗口。选择 "网络和共享中心" 选项，进入图 8.6 所示的 "网络和共享中心" 窗口。

图 8.4 选择 "控制面板" 命令

图 8.5 "所有控制面板项"窗口

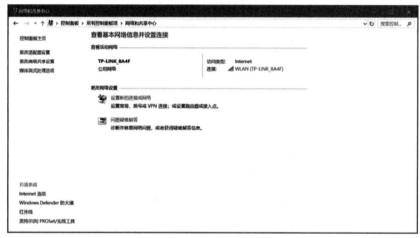

图 8.6 "网络和共享中心"窗口

在"网络和共享中心"窗口可以查看网络状态、诊断和修复网络，也可以通过设置宽带、拨号或 VPN 连接完成与 Internet 的连接。

### 3．Microsoft Edge 浏览器的使用

（1）启动 Microsoft Edge 浏览器

双击桌面上的 Microsoft Edge 浏览器图标，或者选择"开始"→"Microsoft Edge"命令，进入 Microsoft Edge 浏览器窗口。

Microsoft Edge
浏览器的使用

（2）浏览网页信息

在浏览器的地址栏中输入网络地址，可以访问指定的网站，如图 8.7 所示。

（3）收藏网页信息

用户在上网时如果需要收藏当前浏览的网页信息，可以单击地址栏右侧的"收藏"图标☆，之后会显示图 8.8 所示的对话框，在其中设置好名称和保存位置后直接单击"完成"按钮即可收藏该网页。

（4）进行浏览器设置

在浏览器窗口中单击"工具"图标，选择下拉菜单中的"设置"命令（见图 8.9），打开"设置"界面，在该界面中可以对网站权限、下载、系统和性能等项目进行设置，如图 8.10 所示。

图 8.7  访问百度网站

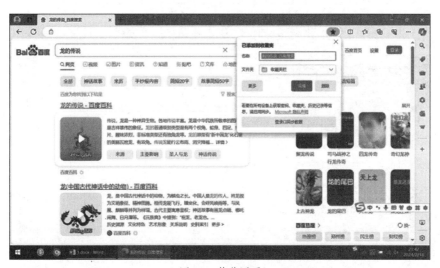

图 8.8  收藏网页

图 8.9  选择"设置"命令

图 8.10　浏览器的设置

浏览器的设置也可以通过选择图 8.6 中的"Internet 选项"来完成，如图 8.11 所示。

图 8.11　Internet 属性的设置

## 实验二　电子邮箱的收发与设置

### 一、实验学时

2 学时。

### 二、实验目的

- 成功申请一个免费的网易 163 电子邮箱。
- 能够进行简单的电子邮件管理。
- 会收发电子邮件。

## 三、实验要求

### 1．申请信箱

下面示范如何申请网易 163 免费邮箱。

（1）在浏览器地址栏中输入网易 163 免费邮箱的网址，进入"163 网易免费邮"首页，如图 8.12 所示。

电子邮件的
使用

图 8.12 "163 网易免费邮"首页

（2）单击图 8.12 中的"注册新账号"，进入注册网易免费邮箱页面，选择"普通注册"，按要求输入邮箱地址、密码、手机号码等信息，如图 8.13 所示，之后单击"立即注册"按钮。

图 8.13 注册网易免费邮箱页面

（3）在弹出的新窗口中输入网页上显示的验证码，然后单击"提交"按钮，这时可以看到邮箱注册成功的信息提示窗口。

（4）在图 8.12 所示页面，输入账号和密码后即可进入申请的免费邮箱首页，如图 8.14 所示。

图 8.14　邮箱首页

## 2．邮件收发

（1）单击"收件箱"进入收件箱页面，查看所有收到的电子邮件列表，如图 8.15 所示。

图 8.15　收件箱页面

（2）单击收件箱中某一个邮件主题，即可查看此邮件的内容。

（3）单击"写信"按钮，进入写信页面，在此页面设置好邮件的收件人、邮件的主题以及邮件内容等，如图 8.16 所示。

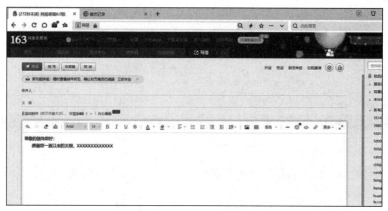

图 8.16　写信页面

（4）添加邮件附件。在发送邮件时，如果要发送的信息过多，可以以附件的形式发送而不必将其全部显示在邮件正文中。在图 8.16 所示的页面中，单击"添加附件"，将会显示加载附件的"打开"对话框，选择好所要发送的文件后，单击"打开"按钮即可将该文件上传，如图 8.17 所示。

图 8.17　附件上传

如果有多个附件，可以继续单击"添加附件"按钮重复以上的操作，如果要删除某个附件，单击该附件右侧的"删除"按钮即可。

（5）创建地址簿。单击页面顶端的"通讯录"，进入"通讯录"页面，如图 8.18 所示。此页面提供了 3 种方式创建联系人：可以新建一个联系人，也可以通过导入指定格式的文件来创建联系人，还可以将其他邮箱的联系人信息直接导入。

图 8.18　"通讯录"页面

### 3．邮箱设置

单击邮箱首页中的"设置"，可进行常规设置、邮箱密码修改、邮箱安全设置等操作，如图 8.19 所示。

图 8.19　邮箱设置

**安装并使用杀毒软件**

### 一、实验学时

2 学时。

### 二、实验目的

- 学会安装杀毒软件及掌握杀毒软件的启动和退出方法。
- 学会使用杀毒软件对计算机进行杀毒操作，保护计算机安全。

### 三、相关知识

杀毒软件同病毒的关系就像矛和盾一样，两种技术、两种势力永远在进行较量。目前市场上有很多杀毒软件，如 360 杀毒软件、瑞星杀毒软件、诺顿杀毒软件、江民杀毒软件、金山毒霸等。下面着重讲述 360 杀毒软件的安装及使用。

#### 1．360 杀毒软件简介

360 杀毒是 360 安全中心出品的一款免费的云安全杀毒软件。它整合了五大查杀引擎，包括国际知名的 Bitdefender 病毒查杀引擎、小红伞病毒查杀引擎、360 云查杀引擎、360 主动防御引擎以及 360 第二代人工智能引擎。

#### 2．360 杀毒软件的安装

（1）启动浏览器，进入浏览器窗口。

（2）进入 360 杀毒软件的产品页面，如图 8.20 所示。

（3）在 360 杀毒软件产品网站页面中，可以看到软件的不同版本，如图 8.21 所示。

（4）选择相应的版本，单击"立即下载"按钮即可下载，将下载的 360 杀毒软件的安装程序保存到 C 盘，如图 8.22 所示。

360 杀毒软件的下载、安装和使用

图 8.20　360 杀毒软件产品网站首页

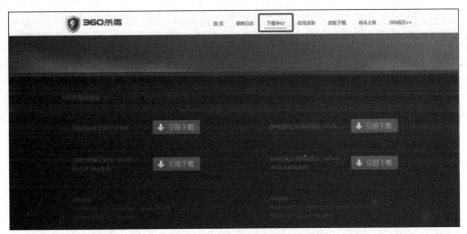

图 8.21　360 杀毒软件下载页面

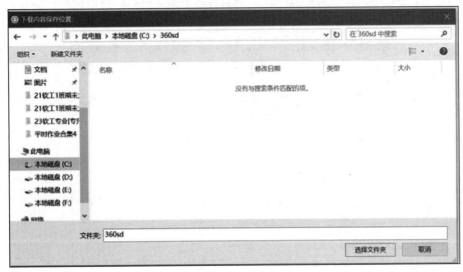

图 8.22　选择保存位置

（5）进入 C 盘，找到下载的安装程序，如图 8.23 所示。

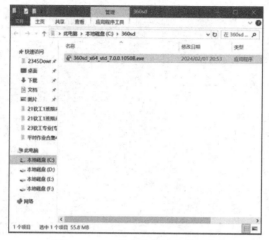

图 8.23　360 杀毒软件的安装程序

（6）双击 360 杀毒软件安装程序进行软件安装，如图 8.24 和图 8.25 所示。

图 8.24　安装 360 杀毒软件

图 8.25　360 杀毒软件安装完毕

（7）安装完成后会自动打开 360 杀毒软件，同时在桌面的右下角会出现一个图标，双击这个图标也可以打开 360 杀毒软件。此时可以对计算机进行扫描，扫描完成后即可进行杀毒等操作，如图 8.26 和图 8.27 所示。

图 8.26　使用 360 杀毒软件扫描计算机

图 8.27 使用 360 杀毒软件杀毒

# 本章拓展训练

1. 使用"360 安全卫士"的"木马查杀"功能查杀木马。
2. 练习"360 安全卫士"中"功能大全"的安装与使用。
3. 使用百度搜索关键词"超级计算机",找出我国超级计算机的相关信息。
4. 使用邮件客户端软件 Foxmail 收发邮件。

"360 安全卫士"
中"木马查杀"
的使用

"360 安全卫士"
中"功能大全"
的使用

百度搜索使用
技巧

Foxmail 的使用

# 第9章 Python 程序设计

本章以 Python 3.10.0 为平台，介绍软件开发环境的使用以及如何设计简单的应用程序；通过实例设计，使读者深入理解程序设计的概念、结构化程序设计的原则以及程序设计的基本步骤。通过本章的实验，读者将对程序设计有初步的认识，并掌握基本的程序设计思想及方法。

## 实验一 Python 程序设计初步

### 一、实验学时

2 学时。

### 二、实验目的

- 学会使用 Python 开发环境。
- 掌握 Python 程序的格式及书写特点。
- 学会建立、编辑、运行一个简单的 Python 应用程序。
- 掌握程序调试的基本方法。

Python 开发环境
的安装和设置

### 三、相关知识

Python 是一种面向对象的解释型计算机程序设计语言，是纯粹的自由软件。其源代码和解释器 CPython 遵循 GNU 通用公共授权（GNU General Public License，GPL）协议，语法简洁清晰。其具有以下特点。

（1）Python 是一种高层次的结合了解释性、编译性、互动性和面向对象的脚本语言。

（2）Python 的设计具有很强的可读性。Python 经常使用英文关键字，具有比其他语言更有特色的语法结构。例如，Python 的特色之一是强制用空白符（White Space）作为语句缩进。

（3）Python 是一种解释型语言，在开发过程中没有编译环节。

（4）Python 是交互式语言。用户可以在一个 Python 提示符之后，直接编写和执行程序。

（5）Python 是面向对象的语言。Python 支持代码封装在对象中的编程技术。

（6）Python 是初学者的语言。Python 对初级程序员而言，是一种优秀的语言，它支持广泛的应用程序开发。

#### 1. Python 开发环境的安装

（1）打开 Python 官网，根据使用的计算机选择安装程序进行下载。本书以 Windows 64 位操作系统为例。

（2）运行安装程序，打开图9.1所示的安装界面。将下方两个复选框都选中，然后单击"Install Now"即可开始安装。

图 9.1　安装界面

## 2．交互式编程

交互式编程不需要创建脚本文件，用户可以通过 Python 解释器的交互模式来编写代码。启动 Python IDLE（Integrated Development and Learning Environment，集成开发和学习环境）交互窗口，如图9.2所示，在"＞＞＞"符号之后即可输入语句。

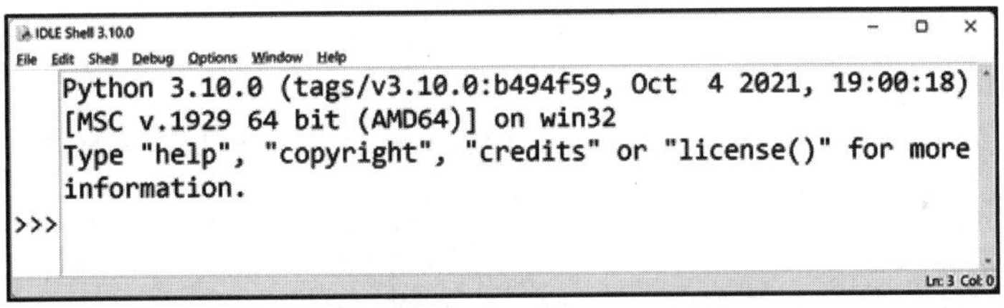

图 9.2　Python IDLE 交互窗口

在 Python 提示符"＞＞＞"后输入以下代码（注意，所有的符号均为在英文状态下输入的符号），每输入一行后按一次<Enter>键查看语句的运行结果。

```
3+2
1.0/2
9%3
8%5
2*3
2**3
abs(-2)
pow(2,3)
round(3.1415926,3)
max(2,5,7,1)
min(2,5,7,1)
```

最终的运行结果如图9.3所示。

## 3．文件式编程

在 Python IDLE 交互窗口中按<Ctrl+N>组合键打开一个新窗口。这个窗口不是交互窗口，而是一个文本编辑器。在这个文本编辑器中输入代码，如图9.4所示。

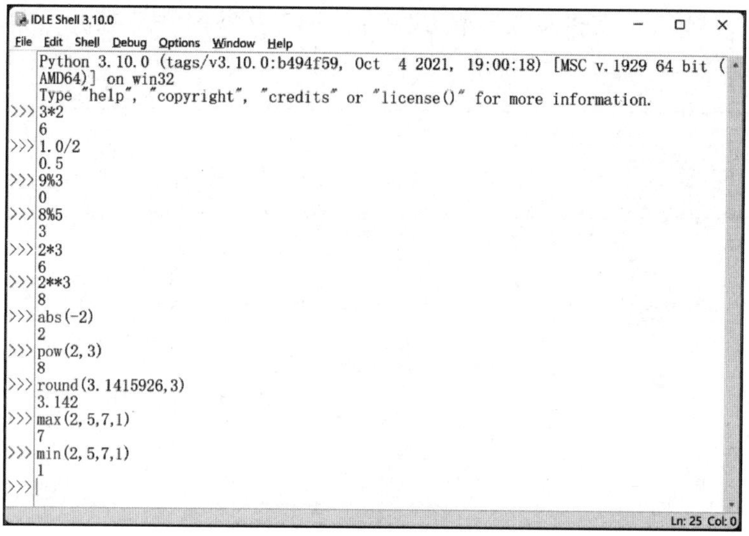

图 9.3　交互式编程举例

程序编写完成后，先保存再运行。按<Ctrl+S>组合键即可打开"保存"对话框，设置好保存位置和文件名就可以将程序以文件的形式保存在计算机上，系统将 Python 程序的扩展名设为 py。保存完成后，按<F5>键即可运行程序，这时系统会自动跳转到 Python IDLE 交互窗口显示运行结果。

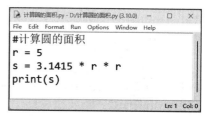

图 9.4　文件式编程举例

## 四、实验范例

### 1. 按照要求编写程序

已知华氏温度（Fahrenheit，F）与摄氏温度（Celsius，C）之间的转换公式为

$$C = \frac{5}{9}(F - 32)$$

编程实现以下功能：输入摄氏温度，输出它对应的华氏温度。

具体要求如下。

（1）摄氏温度通过键盘输入，输入前要有提示信息。

（2）输出结果时要有文字说明，输出结果的小数点后取两位小数。

（3）分别输入摄氏温度 –15℃、0℃、20℃、38℃、40℃，运行程序。

实验步骤如下。

（1）打开 Python IDLE 环境，在其中按<Ctrl+N>组合键打开一个新窗口。

（2）在窗口中输入以下代码：

```
#输入摄氏温度，输出它对应的华氏温度。C 和 F 分别表示摄氏温度和华氏温度
C=eval(input('请输入摄氏温度'))
F=9*C/5+32
print('华氏温度为：{:.2F}'.format(F))
```

该程序是一个比较简单的顺序结构程序，依据题目提供的方法，摄氏温度转换成华氏温度的公式为

$$F = \frac{9}{5}C + 32$$

程序的第 1 行是注释，对当前程序的功能进行说明。

程序的第 2 行实现输入数据功能。input()函数用于输入摄氏温度数据，input()函数括号中的字符串是在屏幕上输出的一行提示信息，告知用户通过键盘输入数据。在此函数之前使用的 eval()函数的功能是把通过 input()得到的字符串数据转换为数值，并赋给变量 C。

程序的第 3 行实现计算功能，通过转换公式把代表摄氏温度的值 C 转换为华氏温度，并赋值给代表华氏温度的变量 F。

程序的第 4 行实现输出功能，使用 print()函数输出运算结果，并利用字符串的 format()方法进行保留两位小数的操作。

（3）按<Ctrl+S>组合键打开"保存"对话框对程序进行保存。

（4）保存完后，按<F5>键即可运行程序。

（5）运行程序，输入摄氏温度数据，观察输出结果是否正确（观察的方法是把自己人工计算的结果与计算机的计算结果进行对比，若有多种情况，则需要对每种情况都进行观察），若结果有误，则应对程序进行分析及修改，然后再一次保存、运行程序并观察输出结果。重复此过程直到运行出正确的结果。

### 2．字符串的运算

熟悉字符串的特点和运算，观察运算结果。

打开 Python IDLE 环境，在其中按<Ctrl+N>组合键打开一个新窗口。在窗口中输入以下代码。

字符串的运算

```
#字符串的相关运算
s1="Python 语言"
t=len(s1)                      #求字符串 s1 的长度
print(t)
print(s1[0],s1[5],s1[-1])      #输出字符串 s1 中第 1 个、第 6 个和最后 1 个字符
print(s1[2:4])                 #输出字符串 s1 中第 3、第 4 个字符
print(s1[2:-4])                #输出字符串 s1 中第 3 个到倒数第 5 个字符
print(s1[6:])                  #输出字符串 s1 中第 7 个至最后一个字符
print(s1[:])                   #输出字符串 s1 中的全部字符
s2="Python"
s3="很有趣！"
print(s2 in s1)                #判断字符串 s2 是否为 s1 的子串
s4=s1+s3                       #将字符串 s1 和 s3 连接成新的字符串 s4
print(s4*3)                    #将字符串 s4 复制 3 次后输出
```

运行结果如图 9.5 所示。

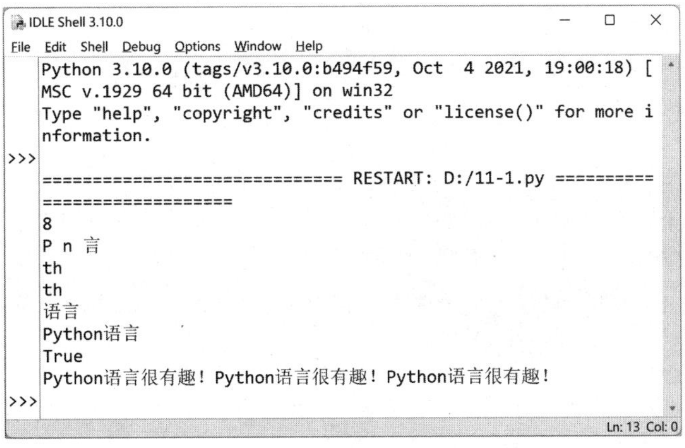

图 9.5　字符串运算

### 3．实际应用

编写一个程序用于水果店售货员结账：已知苹果 4.50 元/斤，鸭梨 2.20 元/斤，香蕉 3.00 元/斤，橙子 4.60 元/斤。

具体要求如下。

（1）输入各类水果的重量（输入前要有提示信息），计算并输出应付钱数，且输出结果要有文字说明。

（2）再输入顾客实际付款数，计算并输出应找钱数，且输出结果要有文字说明。

在窗口中输入以下代码。

```
#购物
ap=eval(input("请输入苹果重量: "))
pe=eval(input("请输入鸭梨重量: "))
ba=eval(input("请输入香蕉重量: "))
og=eval(input("请输入橙子重量: "))
sum=ap*4.5+pe*2.2+ba*3.0+og*4.6
print("商品总价为: {}元".format(sum))
pay=eval(input("顾客支付金额: "))
back=pay-sum
print("找零: {}元".format(back))
```

注意语句的顺序，观察各个语句如果调换顺序，结果是否会有错误。

运行结果如图 9.6 所示。

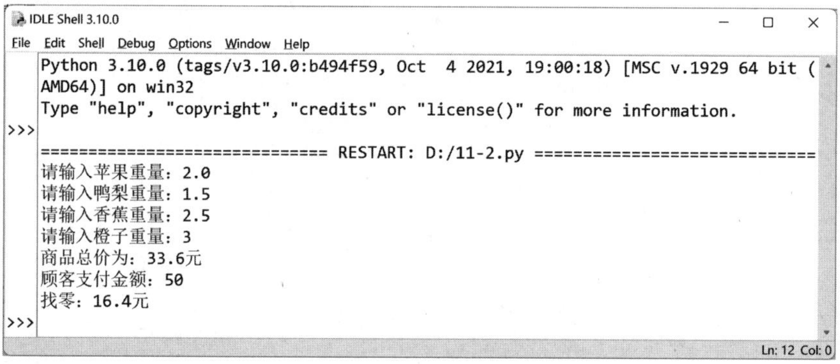

图 9.6　水果店结账计算

## 五、实验要求

在 Python 3.x 环境下以文件式编程运行下列程序，要求熟练使用 Python 语言的开发和运行环境。

### 1．字符拼接

代码如下。

```
#字符拼接
str1=input("请输入一个人的名字: ")
str2=input("请输入一个地名: ")
print("世界那么大, {}想去{}看看。".format(str1,str2))
```

请尝试更改文字内容或大括号的位置。

### 2．求 1~n 的和

代码如下。

```
#求 1~n 的和, 并将结果赋给 sum
```

```
n=eval(input("请输入一个整数"))
sum=0
for i in range(n+1):
    sum=sum+i
print("1 到 n 的和是: ",sum)
```
请尝试输入不同的 n 值测试结果。

## 实验二 程序设计基础

### 一、实验学时

2 学时。

### 二、实验目的

- 了解程序设计的过程。
- 掌握顺序结构的应用方法。
- 了解选择结构。
- 了解循环结构（如 for 遍历循环和 while 无限循环）。
- 了解列表、字典的概念。

### 三、相关知识

结构化程序设计提出了顺序结构、选择结构和循环结构 3 种基本的程序结构。一个程序无论大小都可以由这 3 种基本结构搭建而成。

#### 1．顺序结构

顺序结构要求程序中的各个操作按照它们书写的先后顺序执行。这种结构的特点是程序从入口点开始，按顺序执行所有操作，直到出口点。顺序结构是一种简单的程序结构，也是最基本、最常用的结构，是任何从简单到复杂的程序的主体基本结构。

#### 2．选择结构

选择结构（也叫分支结构）是指程序的处理步骤出现了分支，它需要根据某一特定的条件选择其中的一个分支执行。选择结构包括两路分支选择结构和多路分支选择结构，其特点是根据所给定的选择条件的真（分支条件成立，常用 Y 或 True 表示）与假（分支条件不成立，常用 N 或 False 表示），来决定执行某一分支的相应操作，并且任何情况下"无论分支多寡，必择其一；纵然分支众多，仅选其一"。

常用的 Python 选择结构语句是 if 条件语句。

#### 3．循环结构

所谓循环，是指一个客观事物在其发展过程中，从某一环节开始有规律地重复相似的若干环节的现象。循环的各个环节具有"同处同构"的性质，即它们"出现位置相同，构造本质相同"。程序设计中的循环，是指程序从某处开始有规律地反复执行某一操作块（或程序块）的现象，重复执行的该操作块（或程序块）称为循环体。

Python 循环语句主要分为两种：遍历循环 for 语句和无限循环 while 语句。

#### 4．程序编写的基本方法

无论程序的规模如何，每个程序都有统一的运算模式：输入数据、处理数据和输出数据。基于这种运算模式就形成了程序的编写方法：IPO（Input，Process，Output）。

输入（Input）是程序要处理的数据的来源。输入的方式有多种，如文件输入、网络输入、控制台输入、交互界面输入、随机数据输入、内部参数输入等。

处理（Process）是程序对输入数据进行计算产生输出结果的过程。计算问题的处理方法统称为"算法"。

程序编写的
基本方法

输出（Output）是程序显示运算结果的方式。程序的输出方式有控制台输出、图形输出、文件输出、网络输出、操作系统内部变量输出等。

以计算圆的面积为例，IPO 描述如下。

```
#计算圆的面积
r=5                    #输入：圆半径
s=3.1415*r*r           #处理：计算圆面积
print(s)               #输出：圆面积
```

### 5．解决问题的基本步骤

解决问题可分为以下几步。

① 分析问题。

② 设计算法。

③ 编写程序。

④ 调试测试。

⑤ 升级维护。

以"猴子摘桃"为例。一个猴子摘了一堆桃子，第一天吃了一半，又多吃一个；第二天还是吃了一半，又多吃一个。它每天如此，到第五天时只剩一个桃子了。编写程序，计算猴子第一天共摘了多少个桃子。

（1）分析问题，确定算法

假如用 $T_i$ 表示第 i 天的桃子数。

根据题目描述：

第 5 天剩 1 个桃子，$T_5=1$。

第 4 天剩下的桃子数 $T_4=2×(T_5+1)$。

第 3 天剩下的桃子数 $T_3=2×(T_4+1)$。

第 2 天剩下的桃子数 $T_2=2×(T_3+1)$。

第 1 天剩下的桃子数 $T_1=2×(T_2+1)$。

因此得到公式：$T_n=2×(T_{n+1}+1)$ (n=4,3,2,1)。

假设程序中用 T 表示每天的桃子数。

用循环控制执行 4 次 T=2×(T+1)，即可得到要求的结果。

（2）算法的表示

算法流程图如图 9.7 所示。

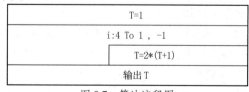

图 9.7　算法流程图

（3）编写程序

```
#猴子摘桃
t=1
```

```
for i in range(5,0,-1):
    t=2*(t+1)
print(t)
```

最后对程序进行调试、测试。未来如果有类似的问题需要解决，还可以对该程序进行升级和维护。

### 6．数字和字符串

（1）数字类型

整型：Python 3.x 版本的整型数据的长度在理论上不受限制，只限于计算机的存储空间，所以可以进行大数的计算。

浮点型：带有小数部分的数据就是浮点型数据。Python 规定浮点型数据必须有小数部分。可以用 E 表示法来表示数据，例如，0.00000000025 可表示为 2.5E-10。

复数：在 Python 中复数表示为 a+bJ 或 a+bj 的形式，a 为实部，虚部通过后缀 J 或 j 表示。

（2）字符串类型

字符串类型常用于表示文本数据。在 Python 语言中，出现在两个单引号（'）或者两个双引号（"）中的内容，都被视为字符串类型数据。字符串和数字是截然不同的数据类型。例如，在 Python IDLE 交互窗口中输入 5+8，会得到结果 13；如果输入的是'5'+'8'，则得到的结果是'58'，就形成了字符串的拼接。

### 7．函数

函数是一段组织好的程序代码，用来实现一定的功能，方便用户重复使用。函数能提高应用的模块性和代码的重复利用率。Python 提供了许多内部函数，如 input()、pow()、max()等，用户可以直接调用。Python 也允许用户创建函数，这类函数叫作用户自定义函数。

## 四、实验范例

### 1．顺序结构

每天努力 1‰和每天放松 1‰，一年 365 天下来会相差多少？以第一天为基础，记为 1.0。

参考程序如下：

```
#努力和放松的差别
import math                                          #引入 math 库
dayup=math.pow((1.0+0.001),365)                      #pow()函数为求指数函数
daydown=math.pow((1.0-0.001),365)
print("努力的结果: {:.2f},放松的结果: {:.2f}".format(dayup,daydown))   #输出结果
```

输出结果：

```
努力的结果: 1.44,放松的结果: 0.69
```

### 2．分支结构

（1）判断数字是正数、负数或零

参考程序如下：

```
num=float(input("输入一个数字: "))
if num>0:
    print("正数")
elif num==0:
    print("零")
else:
    print("负数")
```

（2）企业发放的奖金根据利润提成

利润（i）低于或等于 10 万元时，奖金可提 10%；利润高于 10 万元且低于或等于 20 万元时，10 万元的部分按 10%提成，高于 10 万元的部分，可提成 7.5%；利润高于 20 万元且低于或等于 40 万元时，高于 20 万元的部分，可提成 5%；利润高于 40 万元且低于或等于 60 万元时，高于

40 万元的部分，可提成 3%；利润高于 60 万元且低于或等于 100 万元时，高于 60 万元的部分，可提成 1.5%；利润高于 100 万元时，超过 100 万元的部分按 1%提成。从键盘输入当月利润 i，求应发放奖金的总数。

▶ 提示

可利用数轴来分界定位。

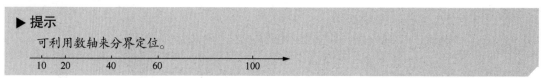

在写程序时，最好根据各条件在数轴上的位置，从一端开始（本例是 10 万元），依次写到另一端（本例是 100 万元），这样，可以很方便地利用"elif i<=X"进行判断，而不必利用"elif i<=X and i>Y"的复杂形式。

参考程序如下。

```
#奖金发放
bonus1 = 100000 * 0.1
bonus2 = bonus1 + 100000 * 0.075
bonus4 = bonus2 + 200000 * 0.05
bonus6 = bonus4 + 200000 * 0.03
bonus10 = bonus6 + 400000 * 0.15
i = int(input('输入收入:\n'))
if i <= 100000:
    bonus = i * 0.1
elif i <= 200000:
    bonus = bonus1 + (i - 100000) * 0.075
elif i <= 400000:
    bonus = bonus2 + (i - 200000) * 0.05
elif i <= 600000:
    bonus = bonus4 + (i - 400000) * 0.03
elif i <= 1000000:
    bonus = bonus6 + (i - 600000) * 0.015
else:
    bonus = bonus10 + (i - 1000000) * 0.01
print('bonus = ',bonus)
```

### 3. 遍历循环 for 语句

（1）打印九九乘法表

参考程序如下。

```
for i in range(1,10):
    for j in range(1,10):
        print(i,'x',j,'=',i*j,end = "   ")
    print("")
```

这是一个双层循环，外层循环为被乘数，内层为乘数。外层循环变量 i 取得一个数后，内层循环变量 j 将会从 1 取到 9 遍历一遍。这是循环嵌套的特点。"end="  ""是为了实现该句输出完之后添加空格并且不换行。注意第 4 行的 print 语句的位置。这个 print 语句是一个换行操作，其位置可保证内层循环一遍之后再换行。运行结果如图 9.8 所示。

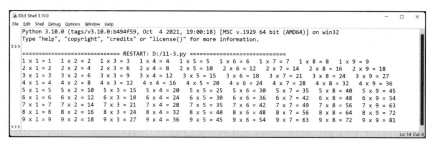

图 9.8 九九乘法表

从图 9.8 中可以看出，各列并未完全对齐。下面对程序进行修改。

参考程序如下。

```
#改进的九九乘法表
for i in range(1,10):
    for j in range(1,10):
        if i*j>9:
            print(i,'x',j,'=',i*j,end="   ")
        else:
            print(i,'x',j,'=',i*j,end="    ")
    print("")
```

运行结果如图 9.9 所示。

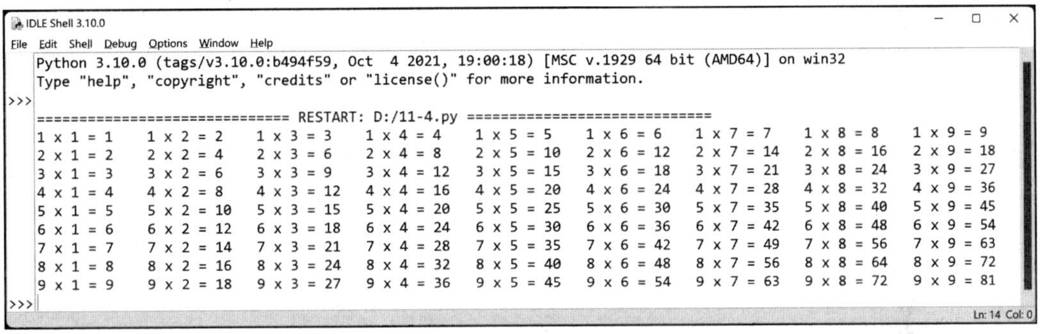

图 9.9　改进的九九乘法表

这个改进程序加入了条件语句，对 i*j 的结果进行判断，如果 i*j 的结果大于 9，则在这个算式的末尾添加 3 个空格，否则添加 4 个空格。

（2）凯撒密码

凯撒密码指用替换方法将文本中的英文字母循环替换为字母表序列中该字符后面的第 3 个字符。即 A 替换为 D，K 替换为 N，Z 替换为 C。原文字符设为变量 t，那么它的密文字符变量 c 应满足以下条件。

```
c=(t+3)mod 26
```

解密方法：

```
t=(c-3)mod 26
```

参考程序如下。

```
#凯撒密码
yw=input("请输入英文明文：")
for t in yw:
    if ord("a")<=ord(t)<=ord("z"):
        print(chr(ord("a")+(ord(t)-ord("a")+3)%26),end="")
    else:
        print(t,end="")
```

运行结果如图 9.10 所示。

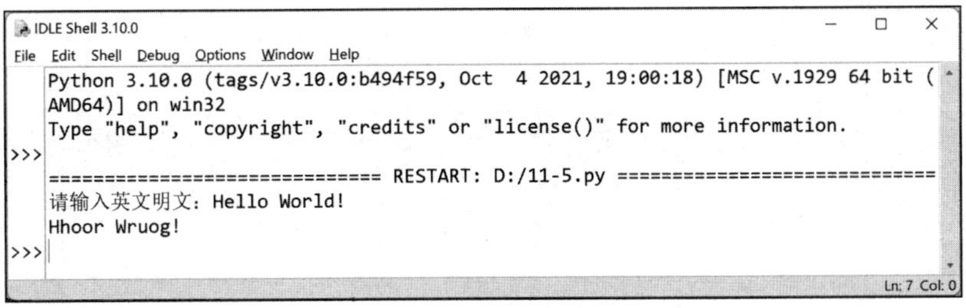

图 9.10　凯撒密码

在这个程序中，变量 t 遍历字符串 yw 中的每一个字符进行转换。

### 4．无限循环 while 语句

随机生成一个 1～10 的数字，让用户来猜，当猜错时，程序会提示猜的数字是大了还是小了，直到用户猜对。

参考程序如下。

```
#猜数字游戏
import random
secret=random.randint(1,10)
print('------猜数字游戏! -----')
guess=0
while guess!=secret:
    temp=input('猜数字游戏开始, 请输入数字: ')
        guess=int(temp)
    if guess>secret:
        print('您输入的数字大了! ')
    elif guess<secret:
        print('您输入的数字小了! ')
if guess==secret:
    print('恭喜, 您猜对了! ')
    print('游戏结束, 再见! ^_^')
```

while 无限循环的特点就是根据某些特定的条件执行循环语句，在用户没有猜中数字时继续游戏，直到猜中退出游戏。

### 5．列表

（1）Python 赋予了列表极强的功能。下面的程序列出了对列表的常用操作。

列表和字典

```
#生成一个列表
word=['a','b','c','d','e','f','g']
#如何通过索引访问列表里的元素
a=word[2]
print("a is: "+a)
b=word[1:3]
print("b is: ")
print(b)                    #输出索引为 1 和 2 的元素
c=word[:2]
print("c is: ")
print(c)                    #输出索引为 0 和 1 的元素
d=word[0:]
print("d is: ")
print(d)                    #输出列表 d 的所有元素

e=word[:2]+word[2:]         #两个列表合并
print("e is: ")
print(e)                    #输出列表 e 的所有元素
f=word[-1]
print("f is: ")
print(f)                    #输出列表 word 当中的最后一个元素
g=word[-4:-2]
print("g is: ")
print(g)                    #输出索引为 3 和 4 的元素。这里使用的是逆序索引
h=word[-2:]
print("h is: ")
print(h)                    #输出最后两个元素
i=word[:-2]
print("i is: ")
```

```
    print(i)                                          #输出除最后两个字符以外的所有元素
l=len(word)
print("Length of word is: "+str(l))
print("Adds new element")
word.append('h')
print(word)

#删除元素
del word[0]
print(word)
del word[1:3]
print(word)
```

运行结果如图 9.11 所示。

```
Python 3.10.0 (tags/v3.10.0:b494f59, Oct  4 2021, 19:00:18) [MSC v.1929 64 bit (
AMD64)] on win32
Type "help", "copyright", "credits" or "license()" for more information.
>>>
=================== RESTART: C:/Users/Bing/Desktop/列表的常用操作.py ============
======
a is: c
b is:
['b', 'c']
c is:
['a', 'b']
d is:
['a', 'b', 'c', 'd', 'e', 'f', 'g']
e is:
['a', 'b', 'c', 'd', 'e', 'f', 'g']
f is:
g
g is:
['d', 'e']
h is:
['f', 'g']
i is:
['a', 'b', 'c', 'd', 'e']
Length of word is: 7
Adds new element
['a', 'b', 'c', 'd', 'e', 'f', 'g', 'h']
['b', 'c', 'd', 'e', 'f', 'g', 'h']
['b', 'e', 'f', 'g', 'h']
>>>
```

图 9.11　列表常用操作结果

（2）石头剪刀布游戏。设计一个小游戏，由用户输入石头、剪刀和布。计算机随机从列表中进行选择，与用户输入进行对比，显示相应的结果输出。

参考程序如下。

```
#石头剪刀布游戏
import random
while 1:
    s=int(random.randint(1,3))
    if s==1:
        ind="石头"
    elif s==2:
        ind="剪刀"
    elif s==3:
        ind="布"
    m=input('输入 石头、剪刀、布，输入“end”结束游戏:')
    blist=['石头', "剪刀", "布"]
    if (m not in blist) and (m!='end'):
        print("输入错误，请重新输入！")
    elif (m not in blist) and (m=='end'):
        print("\n 游戏退出中...")
```

```
            break
        elif m==ind :
            print("计算机出了:  "+ind+", 平局! ")
        elif (m=='石头' and ind=='剪刀') or (m=='剪刀' and ind=='布') or
(m=='布' and ind=='石头'):
            print("计算机出了:  "+ind+", 你赢了! ")
        elif (m=='石头' and ind=='布') or (m=='剪刀' and ind=='石头') or
(m=='布' and ind=='剪刀'):
            print("计算机出了:  "+ind+", 你输了! ")
```

### 6. 字典

字典类似于通过联系人名字查找地址和联系人详细情况的地址簿。字典由键值对组成，即把键（名字）和值（详细情况）联系在一起。注意，键必须是唯一的，就像如果有两个人恰巧同名的话，就难以找到正确的信息。

参考程序如下。

```
#字典实例
x={'河南':'郑州','江苏':'南京','甘肃':'兰州'}
print(x['河南'])
print(x['江苏'])
print(x['甘肃'])
for key in x:
print("键为 %s 对应的值是 %s" % (key,x[key]))
```

运行结果如图9.12所示。

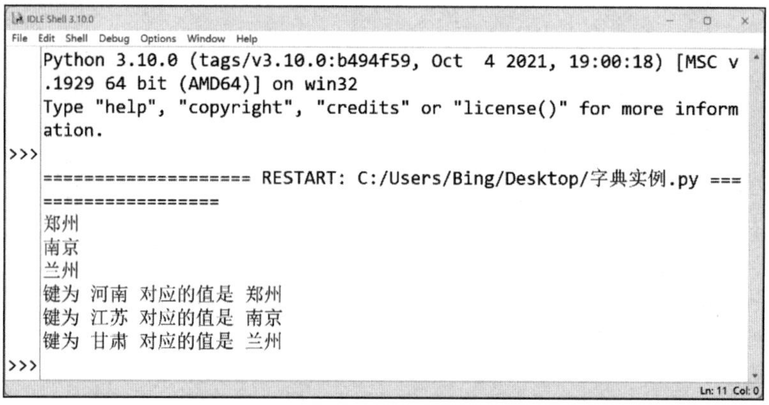

图9.12  字典的操作

## 五、实验要求

熟练进行交互式编程及文件式编程；掌握程序的编写方法；熟悉程序设计中的3种程序结构，能够针对不同的应用问题选择相应的程序结构，编写出程序代码。

完成以下程序，并运行调试。

（1）输入一门课程的成绩，判断是否及格。

（2）求函数 $y$ 的值。

$$y = \begin{cases} 1 & x > 0 \\ 0 & x = 0 \\ -1 & x < 0 \end{cases}$$

（3）输入一门课程的成绩（0～100分），输出对应的等级（优秀、良好、中等、及格和不及格）。其中，0～59分为不及格，60～69分为及格，70～79分为中等，80～89分为良好，90～100分为优秀。

（4）求出3位数中所有的水仙花数。水仙花数是指各位上数字的立方和等于该数本身。例如，$153=1^3+5^3+3^3$。

## 实验三　第三方库的安装

### 一、实验学时

2学时。

### 二、实验目的

了解Python第三方库。
掌握Python第三方库的安装方法。

### 三、相关知识

Python标准库是用Python语言和C语言预先编写的模块，这些模块随着Python解释器一起自动安装，功能非常强大，如math库、turtle库等，使用前需要通过import语句导入。

Python标准库本身虽然不属于核心语言，但它是Python语言系统的标准组成部分，无论Python脚本运行在哪里，都可以用上这些库，这就是Python语言与其他语言的一个显著差别。Python编程的挑战很大一部分来自对标准库的应用。学习者在掌握核心语言之后，需要用大量时间来研究各种内建函数和模块。

除了标准库，Python用户可能还需要单独获取和安装一些第三方库。很多第三方库是对标准库的优化和再封装，一些第三方库本身就是大型系统，如NumPy、Django、VPython（一套简单易用的三维图形库，使用它可以快速创建三维场景和动画），它们分别用于处理科学计算、网站构建、可视化。读者在今后的学习工作中会大量用到标准库或第三方库。

Python语言有几十万个第三方库，覆盖信息技术几乎所有领域。下面简单介绍网络爬虫、自动化、数据分析及可视化、Web开发、机器学习和其他常用的第三方库。

#### 1．网络爬虫

（1）requests：对HTTP（HyperText Transfer Protocol，超文本传送协议）进行高度封装，支持非常丰富的链接访问功能。

（2）PySpider：国人编写的强大的网络爬虫系统，带有强大的WebUI（Web用户界面）。

（3）BS4：全称BeautifulSoup4，用于解析和处理HTML（HyperText Markup Language，超文本标记语言）与XML（Extensible Markup Language，可扩展标记语言）。

（4）Scrapy：很强大的爬虫框架，用于抓取网站并从其页面中提取结构化数据，可用于从数据挖掘到监控和自动化测试的各种场景。

#### 2．自动化

（1）XlsxWriter：操作Excel工作表的文字、数字、公式、图表等。

（2）win32com：有关Windows系统操作、Office（Word、Excel等）文件读写等的综合应用库。

（3）pymysql：操作MySQL数据库。

（4）pdfminer：可以从 PDF 文件中提取各类信息的第三方库。与其他 PDF 相关工具不同，它能够完全获取并分析 PDF 的文本数据。

（5）PyPDF2：能够分割、合并和转换 PDF 页面的库。

（6）openpyxl：处理 Excel 文档的 Python 第三方库，支持读写 XLS、XLSX、XLSM、XLTX、XLTM 格式文件。

（7）python-docx：处理 Word 文档的 Python 第三方库，支持读取、查询以及修改 DOC、DOCX 等格式文件，并能够对 Word 常见样式进行编程设置。

### 3．数据分析及可视化

（1）Matplotlib：Python 二维绘图库，可以生成各种具有出版品质的硬拷贝格式和跨平台交互式环境数据。

（2）NumPy：使用 Python 进行科学计算所需的基础库，用来存储和处理大型矩阵，如矩阵运算、矢量处理、$N$ 维数据变换等。

（3）Pyecharts：用于生成 Echarts 图表的类库。

（4）Pandas：强大的分析结构化数据的工具集，基于 NumPy 扩展而来，提供了一批标准的数据模型和大量便捷处理数据的函数与方法。

（5）SciPy：基于 Python 的 MATLAB 实现，旨在实现 MATLAB 的所有功能，在 NumPy 库的基础上增加了众多的数学、科学以及工程计算中常用的库函数。

（6）Plotly：其提供的图形库可以进行在线 Web 交互，并提供具有出版品质的图形，支持线图、散点图、区域图、条形图、误差条、框图、直方图、热图、子图、多轴图、极坐标图、气泡图、玫瑰图、漏斗图等众多图形。

（7）wordcloud：词云生成器。

（8）jieba：中文分词模块。

### 4．Web 开发

（1）Django：开放源代码的 Web 应用框架，用 Python 写成，是 Python 生态中流行的开源 Web 应用框架。Django 采用模型（Model）、模板（Template）和视图（View）的编写模式，称为 MTV 模式。

（2）Pyramid：通用、开源的 Web 应用框架。它主要的目的是让 Python 开发者更方便地创建 Web 应用。相比 Django，Pyramid 是一个相对小巧、快速、灵活的开源 Web 应用框架。

（3）Tornado：Web 服务器软件的开源版本。Tornado 和现在的主流 Web 服务器框架（包括大多数 Python 的框架）有明显的区别：它是非阻塞式服务器，而且速度相当快。

（4）Flask：轻量级 Web 应用框架，相对于 Django 和 Pyramid，它也被称为微框架。使用 Flask 开发 Web 应用十分方便，甚至用几行代码即可建立一个小型网站。Flask 核心十分简单，并不直接包含数据库访问等抽象访问层，而是通过扩展模块形式来支持数据库访问等功能。

### 5．机器学习

（1）NLTK：自然语言处理第三方库，自然语言处理领域中常用，可建立词袋模型（单词计数），支持词频（单词出现次数）分析、模式识别、关联分析、情感分析（词频分析+度量指标）、可视化（结合 Matplotlib 做分析图）等。

（2）TensorFlow：谷歌的第二代机器学习系统，是一个使用数据流图进行数值计算的开源软件库。

（3）Keras：高级神经网络 API（Application Program Interface，应用程序接口），用 Python 编写，能够在其他第三方库如 TensorFlow、CNTK 或 Theano 之上运行。它旨在实现快速试验，能够以最小的延迟把想法变成结果，这是进行研究的关键。

### 6．其他常用的第三方库

（1）IPython：基于 Python 的交互式 shell，比默认的 Python shell 好用得多，支持变量自动补全、自动缩进、交互式帮助、魔法命令、系统命令等，内置了许多很有用的功能和函数。

（2）PyQt5：Qt5 应用框架的 Python 第三方库，用于编写 Python 脚本的应用界面。

（3）PIL（也称为 pillow）：Python 在图像处理方面的重要的第三方库，支持图像存储、显示和处理，能够处理几乎所有图片格式，可以完成对图像的缩放、剪裁、叠加，以及向图像添加线条、图像和文字等操作。

（4）OpenCV：图像和视频工作库。

## 四、实验范例

### 1．Python 第三方库的安装

Python 第三方库通常使用以下两种方法安装。

（1）在线安装

首先确保计算机连网。打开 cmd 窗口，在 cmd 窗口中输入命令"pip install 库名"。如图 9.13 所示，想要安装 requests 库，则打开 cmd 窗口，输入"pip install requests"。

图 9.13　在线安装第三方库

（2）下载资源包，进行离线安装

① 打开 Python 官网，单击导航栏的"PyPI"，然后搜索需要下载的资源包名称，选择下载的版本，再选择.tar.gz 文件下载即可。下载后将其解压，将解压后所得文件夹复制到 Python 安装目录的 Python 3.10.0\Lib\site-packages\包名文件夹里。打开 cmd 窗口，进入包所在的目录，执行命令"python setup.py install"即可。

② 打开 Python 官网，单击导航栏的"PyPI"，然后搜索需要下载的资源包名称，选择下载的版本，再选择.whl 文件下载即可。此方法不用找到 Python 安装目录，直接在 cmd 窗口进入.whl 文件的下载目录，执行命令"pip install 包名.whl"即可。

在 Python IDLE 交互窗口中用命令"import 包名"验证是否成功安装，不报错即安装成功。

### 2．Python 第三方库的国内镜像安装

因为 Python 官网服务器在国外，下载速度不稳定，所以大多数情况下用户会选择国内的镜像网站来提升安装第三方库的速度。常用的 Python 第三方库国内镜像网站有清华大学开源软件镜像站、阿里云开源镜像站、网易开源镜像站、豆瓣开源镜像站、百度云开源镜像站等。

选择其中的一个网站进行资源访问。在使用在线方式安装第三方库时，可以使用命令"pip install 库名 -i 镜像网站"来访问国内镜像网站。例如，安装 requests 库时，可以在 cmd 窗口中输入以下命令。

```
pip install requests -i https://pypi.tuna.***.edu.cn/simple
```

### 3．第三方库：PIL 库

PIL 库是 Python 的一个处理图像的第三方库。确保使用的计算机连通互联网，打开 cmd 窗口，输入命令"pip install pillow"（PIL 库的安装名称是 pillow），然后按<Enter>键即可安装。

PIL 库几乎能够处理所有图片格式，可以对图像进行存储、显示和处理，还可以对图像进行缩放、裁剪等操作。

转换图像的颜色，参考程序如下：

```
from PIL import Image              #导入 PIL 库的 Image 子库
im=Image.open('D:\\001.jpg')       #打开图像文件作为对象 im，注意这里使用全路径
                                    #路径中双反斜杠的第一个反斜杠是转义符，第二个是反斜杠
r,g,b=im.split()                   #对 im 进行颜色分离。将 3 个颜色通道分离，信息存入 r、g 和 b
om=Image.merge("RGB",(g,b,r))      #将 3 个颜色通道重新组合，新图像命名为 om
om.save("D:\\002.jpg")             #将新图像存储到 D 盘，命名为 002.jpg
```

转换颜色之前的图像如图 9.14（a）所示，转换颜色之后的图像如图 9.14（b）所示。

（a）转换颜色之前的图像　　　　　　（b）转换颜色之后的图像

图 9.14　转换图像的颜色

## 五、实验要求

熟练掌握第三方库的安装方法。

使用 3 种方法中的 1 种安装 Python 的 jieba 库、NumPy 库和 Pandas 库。打开 Python IDLE 交互窗口，分别输入下列命令，查看第三方库安装是否成功。

```
import jieba
import numpy
import pandas
```

根据自己感兴趣的方向，查找并安装第三方库，然后学习使用第三方库。

# 本章拓展训练

1. 利用 turtle 库绘制图 9.15 所示的 3 个同切圆。
代码如下。

```
#绘制 3 个同切圆
import turtle
turtle.pensize(1)
turtle.circle(50)
turtle.circle(100)
turtle.circle(150)
```

请尝试更改画笔尺寸、颜色和圆的半径，并观察效果。

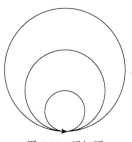

图 9.15　同切圆

2. 利用 turtle 库绘制图 9.16 所示的螺旋线。

代码如下。

```
#绘制斜螺旋线
import turtle
turtle.speed("fastest")
turtle.pensize(2)
for x in range(100):
turtle.forward(2*x)
turtle.left(91)
```

请尝试修改各个参数，并观察效果。

3. 利用 turtle 库绘制图 9.17 所示的星形图。

代码如下。

```
import turtle
t=turtle.Pen()
t.pensize(1)
t.fillcolor("red")
t.pencolor("black")
t.begin_fill()
m=25
n=50
for i in range(0,m):
    t.forward(200)
    t.right(180-360/n)
t.end_fill()
```

修改程序中 m 和 n 的值，观察图形的变化情况。

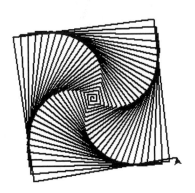

图 9.16　螺旋线

图 9.17　星形图

Python 程序设计 / 第 9 章

# 第10章 网页制作

本章以 Dreamweaver 2022 为例，详细介绍网页的设计方法，包括网站与网页的关系，网页中文本、图像、声音、表格、表单等的处理方法。通过本章的学习，读者可掌握网页设计的基本思想和方法，从而实现简单网页的设计。

## 实验一 网站的创建与基本操作

### 一、实验学时

1 学时。

### 二、实验目的

- 熟悉 Dreamweaver 2022 的开发环境。
- 了解网页与网站的关系。
- 了解构成网站的基本元素。
- 掌握在网页中插入图像、文本的方法。
- 掌握网页中文本属性的设置方法。
- 了解网页制作的一般步骤。

### 三、相关知识

网站是由网页通过超链接形式组成的。网页是构成网站的基本单位，当用户通过浏览器访问一个网站的信息时，被访问的信息会以网页的形式显示。网页上最常见的功能组件元素包括站标、导航栏、广告条，而色彩、文本、图片和动画则是网页的基本信息形式和表现手段。

Dreamweaver 是 Macromedia 公司开发的专业网页制作软件，深受网页设计人员的青睐。它不仅可以用来制作兼容不同浏览器和版本的网页，还具有很强的站点管理功能，是一款"所见即所得"的网页制作软件，适合不同层次的用户使用。

### 四、实验范例

制作一个简单的个人主页，完成效果如图 10.1 所示。

（1）创建站点文件夹

创建网页前，先要为网页创建一个本地站点，用来存放网页中的所有文件。首先在本地计算机的硬盘上创建一个文件夹，例如，在 E 盘中创建一个名称为 MyWeb 的文件夹，用来存放站点中的所有文件，并在该文件夹下创建一个子文件夹 Images，用来存放站点中的图像。

创建本地站点

图 10.1  个人主页

（2）创建本地站点

启动 Dreamweaver 2022，进入 Dreamweaver 2022 的工作窗口。选择"站点"→"新建站点"命令，在弹出的"站点设置对象"对话框中单击"站点"，设置站点名称，如"我的个人网站"，并设置本地站点文件夹。然后单击"高级设置"，设置默认图像文件夹。本地站点文件夹和默认图像文件夹分别是上一步中创建的文件夹"E:\MyWeb\"和"E:\MyWeb\Images"，如图 10.2 和图 10.3 所示。

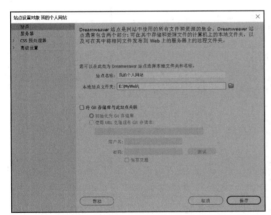

图 10.2  设置本地站点文件夹

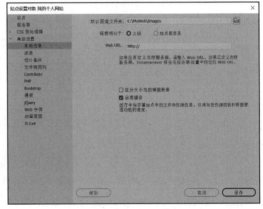

图 10.3  设置默认图像文件夹

（3）新建文档

选择"文件"→"新建"命令，或者按<Ctrl+N>组合键，在弹出的"新建文档"对话框中选择文档类型 HTML，在"标题"文本框中输入网页标题"欢迎进入我的空间"，如图 10.4 所示。单击"创建"按钮，即可创建一个网页文档。

（4）保存文档

选择"文件"→"保存"命令，或者按<Ctrl+S>组合键，在弹出的"另存为"对话框中，选择保存文档到本地站点的根目录下，并命名为"index.html"，如图 10.5 所示，单击"保存"按钮保存文档。

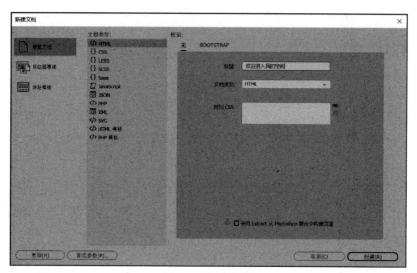

图 10.4　新建文档

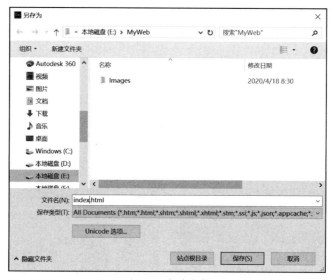

图 10.5　保存文档

（5）设置网页的主题和导航栏

在第一行输入网页的主题，如"轻舞飞扬　我的个人空间"，在文本的"属性"浮动面板中选择"CSS"，设置该文本的格式。将"轻舞飞扬"4个字的字体设置为华文彩云，大小设置为36点，文本颜色设置为#FF6666；"我的个人空间"字体设置为隶书，大小设置为24点，颜色设置为#FF9900；文本均居中对齐。

按<Enter>键换行，依次输入"我的图片""我的音乐""我的作品""网络文摘"和"给我留言"作为网页上的导航栏，相互间隔一个空格。选中所输入的文本，在文本的"属性"浮动面板中将字体设置为隶书，大小设置为24点，颜色设置为#FF00CC，居中对齐，如图10.6所示。

（6）插入图像

按<Enter>键换行。选择"插入"→"图像"命令，将弹出"选择图像源文件"对话框。从存放图像的文件夹中选择一个图像文件，此处选择"E:\MyWeb\Images\bj.jpg"文件，单击"确定"按钮。

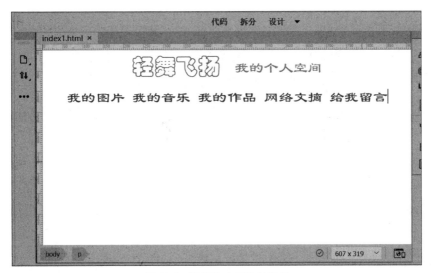

图 10.6　网页的主题和导航栏

（7）插入水平线，输入联系方式

按<Enter>键换行。选择"插入"→"HTML"→"水平线"命令，在文档中插入水平线，并在"属性"浮动面板中设置水平线的宽度为 560 像素，高度为 2 像素。再次按<Enter>键换行，输入文本"联系地址：郑州工程技术学院　邮政编码：450044　电话：0371-×××××××"。选中所有刚刚输入的文字，在"属性"浮动面板中设置字体为隶书，大小为 16 点，单击"居中对齐"按钮。效果如图 10.7 所示。

图 10.7　网页设置效果

（8）设置背景颜色

网页背景颜色默认为白色，如要修改网页背景颜色，可选择"窗口"→"属性"命令，在"属性"浮动面板中单击"页面属性"按钮，将弹出"页面属性"对话框，在"分类"列表中选择"外观(CSS)"，将"背景颜色"设置为自己喜欢的且与网页整体相协调的颜色，如图 10.8 所示，然后单击"确定"按钮。

图 10.8　背景颜色的设置

（9）保存文件

前面的操作执行完后，按<Ctrl+S>组合键保存文件。至此，一个简单的个人主页就完成了。

### 五、实验要求

熟悉 Dreamweaver 2022 的开发环境；掌握网站创建的一般步骤；熟悉各种网页元素的添加、设置和使用，能够进行图片、文本的添加，并设置相应的属性；能够独立创建一个个人网站。

## 实验二　网页中表格和表单的制作

### 一、实验学时

2 学时。

### 二、实验目的

- 掌握使用表格来布局网页的方法。
- 掌握表格属性和单元格属性的设置方法。
- 掌握页面属性的设置方法。
- 掌握图像和文本的添加方法，并能设置其属性。
- 掌握表单和表单对象的插入方法及其属性的设置方法。
- 掌握超链接的建立方法。
- 熟悉网站的创建和打开过程。

### 三、相关知识

网页中，表格的基本操作有插入表格、表格属性设置、单元格属性设置、表格的选取、添加/删除行和列、合并/拆分单元格和在表格中插入网页元素。

在网页中添加表单传递数据需要两个步骤，一是制作表单，二是编写处理表单提交的数据的服务器端应用程序或客户端脚本，通常是 ASP、JSP 等格式。

网站中最常见的表单应用是注册页面、登录页面等，也就是用户向服务器提交信息的"场合"。以申请论坛会员为例，用户填写好表单，单击某个按钮提交

表格的操作

给服务器，服务器记录下用户的资料，并提示用户操作成功，还会返回用户账号等信息，这时用户就成功完成了一次与服务器的交互。用户登录论坛时，要填写正确的账号和密码，提交给服务器，服务器审核正确后，才允许用户登录论坛，有时候还会分配给用户一些会员才有的权限。

## 四、实验范例

### 1．使用表格制作图片欣赏页面

制作"我的图片"页面，效果如图 10.9 所示，并与"轻舞飞扬 我的个人空间"页面进行链接。

图 10.9 "我的图片"页面

（1）打开站点

启动 Dreamweaver 2022，进入工作窗口，选择"窗口"→"文件"命令，在"文件"浮动面板中选择"我的个人网站"，打开该站点，如图 10.10 所示。

图 10.10 打开站点

（2）新建文档，修改网页标题并保存

选择"文件"→"新建"命令，在弹出的"新建文档"对话框中选择创建一个 HTML 格式的基本页，在右侧"标题"文本框中输入"我的收藏-图片"，然后单击"创建"按钮。接着按<Ctrl+S>组合键，在弹出的"另存为"对话框中，选择保存到本地站点根目录下，并将文件命名为"mypicture.html"，单击"保存"按钮，保存文档。

（3）插入表格

选择"插入"→"表格"命令，弹出"表格"对话框。在该对话框中将"行数"设置为 6，"列"

设置为 3，"表格宽度"设置为 600 像素，"边框粗细"设置为 0 像素，"单元格边距"设置为 0，如图 10.11 所示。设置完成后单击"确定"按钮，在"属性"浮动面板的"对齐"下拉列表框中选择"居中对齐"，将表格放置在文档的中心。

图 10.11　插入表格

（4）合并单元格

选中表格的第一行，选择"编辑"→"表格"→"合并单元格"命令，将第一行的 3 个单元格合并为 1 个单元格，如图 10.12 所示。

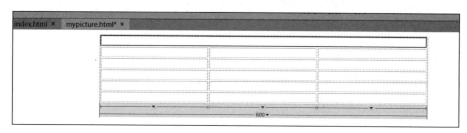

图 10.12　合并单元格

（5）文本录入

将光标置于合并后的单元格中，输入文字"我的图片"，并在"属性"浮动面板中选择"CSS"，设置文本的属性：字体为华文彩云，加粗，大小为 36 像素，颜色为#CC3366，对齐方式为居中。

（6）插入图片并录入文本

将光标置于第 2 行第 1 列中，选择"插入"→"图像"命令，弹出"选择图像源文件"对话框，从图像文件夹中选择一张图片插入，并调整图片的大小。

将光标置于第 2 行第 2 列中，输入与图片配套的诗词题目与作者名，在"属性"浮动面板中设置文本的属性：字体为隶书，加粗，大小为 18 像素，颜色为黑色，对齐方式为居中。在第 2 行第 3 列中，输入诗词的内容，并在"属性"浮动面板中设置文本的属性：字体为隶书，大小为 16 像素，颜色为黑色，对齐方式为居中。

用同样的方式，向其余各行中插入图片，录入文本，并设置文本的格式，如图 10.13 所示。

（7）设置表格的背景与页面的背景

选中所有单元格，设置其背景色。在"属性"浮动面板中，设置背景颜色为#CCCCFF。

在页面任意空白处单击，在"属性"浮动面板中单击"页面属性"按钮，进入"页面属性"对话框，设置网页背景颜色与表格单元格的背景颜色一样，均为# CCCCFF，如图 10.14 所示。

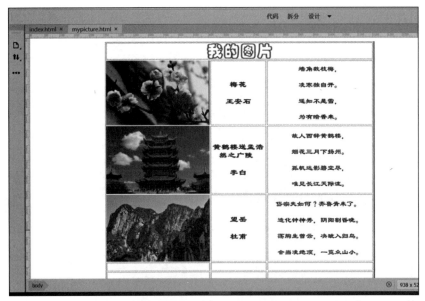

图 10.13　插入图片并录入文本

图 10.14　背景颜色的设置

（8）保存并浏览文件

按<Ctrl+S>组合键保存文件。按<F12>键，在浏览器中浏览文件，效果如图 10.9 所示。

（9）创建超链接并加以保存

打开网页文件"index.html"，在 Dreamweaver 2022 工作窗口中选择导航栏中的文本"我的图片"，在"属性"浮动面板中单击"链接"文本框右侧的"浏览"按钮，在打开的"选择文件"对话框中选择链接的目标文件"mypicture.html"后单击"确定"按钮。继续在"属性"浮动面板的"目标"下拉列表框中选择链接的打开方式为"_blank"，按<Ctrl+S>组合键保存。在浏览器中浏览该页面，可以看到已经为"我的图片"创建了超链接，单击该文字即可打开"我的图片"页面。

可以按照上面介绍的方法继续创建"我的音乐""我的作品""网络文摘"和"给我留言"页面，并与"轻舞飞扬 我的个人空间"页面进行链接。

### 2．使用表单制作会员注册页面

网站常常需要用户进行注册，注册页面的制作需要用到表单。这里将用表单制作图 10.15 所示的简单的会员注册页面。

表单的使用

图 10.15　简单的会员注册页面

（1）创建本地站点

和实验一中创建本地站点的操作方法相同，先在本地计算机的硬盘上创建一个文件夹，如"E:\Member_registration"，用来存放站点中的所有文件，并在该文件夹下创建一个子文件夹 Images，用来存放站点中的图像。打开 Dreamweaver 2022，新建站点并命名为"会员注册"，将本地站点文件夹和默认图像文件夹设置为先前创建的文件夹。

（2）新建文档并修改网页标题

新建一个 HTML 文档，在"标题"文本框中输入"填写注册信息_注册"。

（3）设置页面属性

单击"属性"浮动面板中的"页面属性"按钮，弹出"页面属性"对话框，在"分类"列表中选择"外观(CSS)"，在右侧将"大小"设置为 12 像素，"文本颜色"设置为#003399，"背景颜色"设置为 # EBF2FA，"上边距"和"下边距"均设置为 0 像素，如图 10.16 所示。

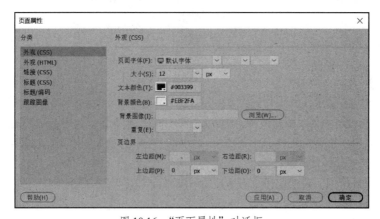

图 10.16　"页面属性"对话框

（4）保存文档

按<Ctrl+S>组合键，将文档保存到本地站点根目录下，并命名为"zhuce.html"。

（5）插入表格

将光标置于文档中，选择"插入"→"表格"命令，将弹出"表格"对话框。设置行数为 1，列数为 1，表格宽度为 720 像素，边框粗细为 0 像素，单元格边距为 0，单元格间距为 0，然后单击"确定"按钮。在"属性"浮动面板中将表格居中对齐。

（6）插入图片

将光标置于表格中，选择"插入"→"图像"命令，将弹出"选择图像源文件"对话框，找到图片所在的文件夹，选择一张图片插入，并调整图片的大小。

（7）插入表单

将光标置于表格的下边，选择"插入"→"表单"→"表单"命令，即可在文档中插入显示为红色虚线框的表单，如图 10.17 所示。

图 10.17　表单的插入

（8）在表单中插入表格

将光标置于表单中，选择"插入"→"表格"命令，将弹出"表格"对话框。设置行数为 10，列数为 3，表格宽度为 480 像素，边框粗细为 0 像素，单元格边距为 0，单元格间距为 5，然后单击"确定"按钮。在"属性"浮动面板中将表格居中对齐，如图 10.18 所示。

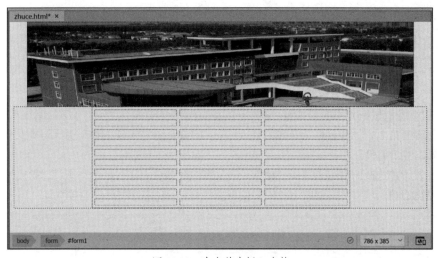

图 10.18　在表单中插入表格

（9）输入文本

将光标置于该表格的第 1 行第 1 列中，输入文本"用户名"，并调整好单元格的宽度，文本设置为右对齐。同样在第 1 列下边的 7 行中分别输入相应文本，如图 10.19 所示，并将第 1 列的文本都放置到单元格的右侧。

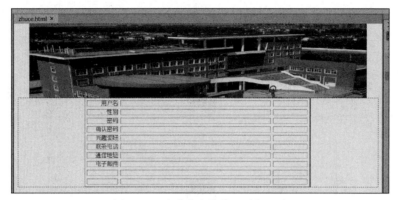

图 10.19　表单中表格第 1 列的设置

（10）插入单行文本域并设置文本域的属性

调整表格第 2 列和第 3 列的宽度后，将光标置于第 1 行第 3 列中，选择"插入"→"表单"→"文本"命令，在表单中插入一个单行文本域。在"属性"浮动面板中将字符宽度设置为 20，最多字符数设置为 10，如图 10.20 所示。

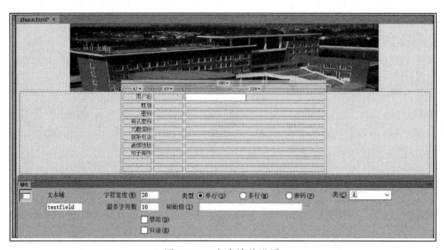

图 10.20　文本域的设置

（11）插入单选按钮并添加图像和文本

将光标置于第 2 行第 3 列中，选择"插入"→"表单"→"单选按钮"命令，在表单中插入一个单选按钮。在"属性"浮动面板中将"初始状态"设置为"已选中"。

将光标置于单选按钮后边，选择"插入"→"图像"命令，插入一个小图标，接着输入一个空格，在空格后边输入"男"，如图 10.21 所示。

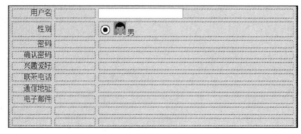

图 10.21　单选按钮的插入及设置

重复上述操作，插入另一个单选按钮，在"属性"浮动面板中将"初始状态"设置为"未选中"，并添加小图标和文本"女"。

（12）插入密码域

将光标置于第 3 行第 3 列中，选择"插入"→"表单"→"密码"命令，在表单中插入一个单行文本域。在"属性"浮动面板中将字符宽度设置为 20，最多字符数设置为 18。对第 4 行第 3 列做同样的操作，如图 10.22 所示。

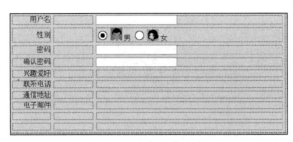

图 10.22　插入密码域

（13）插入复选框

将光标置于第 5 行第 3 列中，选择"插入"→"表单"→"复选框"命令，在表单中插入 1 个复选框。将光标置于复选框后边，输入文本"旅游"。

在文本"旅游"后边，重复上述步骤，插入 4 个复选框，并输入相应文本，如图 10.23 所示。

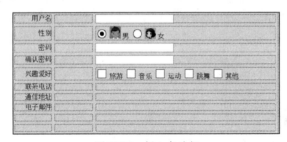

图 10.23　插入复选框

（14）插入单行文本域和电子邮件地址文本域

重复步骤（10）的操作，在第 6 行第 3 列和第 7 行第 3 列中各插入一个单行文本域，在"属性"浮动面板中将字符宽度设置为 20，最多字符数设置为 20。

将光标置于第 8 行第 3 列中，选择"插入"→"表单"→"电子邮件"命令，在表单中插入一个电子邮件地址文本域。在"属性"浮动面板中将字符宽度设置为 20，最多字符数设置为 20，并在"值"文本框中输入符号"@"。

（15）插入"注册"按钮和"清除"按钮

将光标置于第 10 行第 3 列中，选择"插入"→"表单"→"按钮"命令，在表单中插入一个按钮。在"属性"浮动面板中将"值"设置为"注册"，其余设置保持默认值不变。

将光标置于"注册"按钮后边，选择"插入"→"表单"→"重置按钮"命令，在表单中插入一个重置按钮。设置"属性"浮动面板中的"值"为"清除"。

至此，一个简单的会员注册页面就完成了。

## 五、实验要求

熟练掌握表格的添加和设置方法，掌握表单及表单元素的添加和设置方法，能够独立运用表格和表单的相关技术来布局网页。创建一个新会员注册网页，并链接到实验一的个人主页中。

# 本章拓展训练

综合运用 Dreamweaver 2022 的功能，创建简单网页，添加相应的页面元素，学习使用表格和表单。

拓展训练

# 第11章 常用工具软件

本章将为读者介绍几个常用的工具软件，为读者使用工具软件提供帮助。

## 实验一 格式工厂

### 一、实验学时

1学时。

### 二、实验目的

格式工厂的
使用

- 能够使用格式工厂进行视频转换。
- 能够使用格式工厂进行音频转换。
- 能够使用格式工厂进行图片转换。
- 能够使用格式工厂进行视频及音频的合并。

### 三、相关知识

格式工厂（Format Factory）是一款多功能的多媒体格式转换软件，适用于 Windows 系统。它可以实现大多数视频、音频以及图像在不同格式之间的转换。此外，格式工厂还针对手机等移动设备做了功能补充，只需输入设备的机型，便可直接将文件格式转换成该移动设备支持的格式，省时省力，方便快捷。

### 四、实验范例

#### 1．音频转换

（1）首先打开软件，单击"音频"按钮，再根据需要选择转换后的格式，如需要转换成 WMA 格式，可在选择"WMA"后，单击"添加文件"按钮，选择需要转换的文件，如图 11.1 所示。在此也可以改变输出文件的存储位置（默认位置是 E:\FFOutput）。

（2）单击"选项"按钮，在打开的窗口中选择"剪辑"标签截取音频片段，可以根据音频播放进度单击"开始时间"按钮设置音频起点，单击"结束时间"按钮设置音频终点，也可以拖动滑块设置起点、终点，最后单击"确定"按钮保存设置，如图 11.2 所示。

（3）单击"输出配置"按钮，设置音频的质量和码率，一般保持默认设置即可，如图 11.3 所示。

（4）回到软件主界面，再单击"开始"按钮开始转换，如图 11.4 所示，转换完成后，可打开文件夹看效果。

图 11.1　格式工厂音频转换设置界面

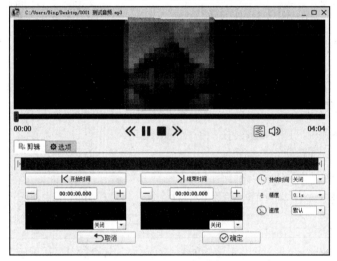

图 11.2　格式工厂音频剪辑界面

图 11.3　格式工厂音频设置界面

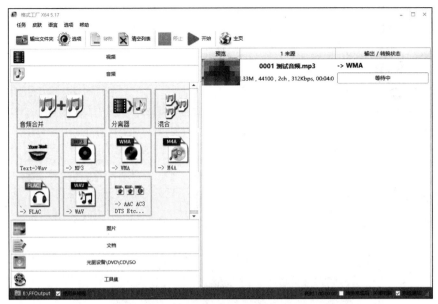

图 11.4　格式工厂音频转换界面

### 2．合并视频

（1）单击"视频"按钮，选择左上角的"视频合并&混流"，然后单击"添加文件"按钮，选择需要合并的视频文件，如图 11.5 所示。

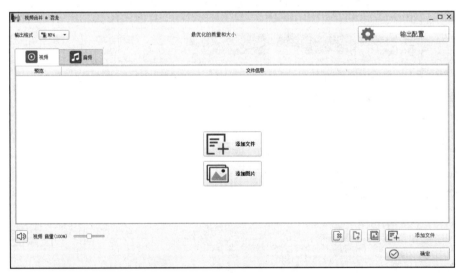

图 11.5　格式工厂视频合并设置界面

（2）添加文件后，选择相应的视频，如图 11.6 所示。

（3）选择文件后，单击"选项"按钮，在视频剪辑界面中截取视频片段，或手动设置，如图 11.7 所示。完成剪辑后，单击"确定"按钮。

（4）截取视频后，选择"输出配置"选项，再设置码率和帧数，如图 11.8 所示，设置完后单击"确定"按钮退出此窗口。

（5）完成所有的设置后，回到软件主界面，再单击"开始"按钮进行视频合并，如图 11.9 所示。合并结束后可以打开文件夹看效果。

图 11.6　格式工厂视频合并添加文件界面

图 11.7　格式工厂剪辑界面

图 11.8　格式工厂"最优化的质量和大小"选项设置

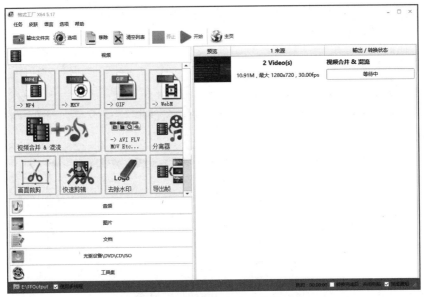

图 11.9　格式工厂视频合并界面

## 五、实验要求

格式工厂软件还具有画面裁剪、快速剪辑、去除和添加水印、屏幕录像等功能，要熟练使用这些功能并掌握格式工厂软件对多媒体文件的处理方法。

格式工厂软件除了能处理视频音频文件，还可以处理图片、文档等文件，可以对图片文件进行格式转换，对文档文件进行格式转换、合并压缩等操作。

　**Adobe Acrobat DC**

## 一、实验学时

1 学时。

## 二、实验目的

- 能够使用 Adobe Acrobat DC 创建 PDF 文件。
- 能够使用 Adobe Acrobat DC 编辑 PDF 文件。
- 能够使用 Adobe Acrobat DC 把 PDF 文件转换成其他格式。
- 能够使用 Adobe Acrobat DC 将文档扫描成 PDF 文件。

## 三、相关知识

Adobe Acrobat DC 是常见的 PDF 文件制作与编辑软件。它拥有许多实用功能，包括创建 PDF 文件、编辑 PDF 文件、导出 PDF 文件、注释、组织页面、增强扫描、保护、准备表单、合并文件、优化 PDF 文件、标记密文、图章、比较文档、发送以供注释、动作向导、创建自定义工具、印刷制作、PDF 标准、证书、辅助工具、富媒体、索引、测量等，是一款优秀的 PDF 文件编辑软件。

Adobe Acrobat DC 可将纸质图片、文字迅速转化成 PDF 文件。例如，通过手机拍照即可将纸上的文字转化成 PDF 文件，用户可以直接对文件进行修改。另外，Adobe Acrobat DC 可用于移动端或

PC 端，让 Excel、Word 和 PDF 之间的转化更为便利，从而解决文件处理过程中产生的浪费和低效率问题。Adobe Acrobat DC 分为标准版和专业版，本实验以专业版为例进行演示。

## 四、实验范例

### 1．将普通文件转换为 PDF 文件

（1）在 Adobe Acrobat DC 的"文件"菜单中，选择"创建"→"从文件创建 PDF"命令，如图 11.10 所示。

图 11.10　从文件创建 PDF

（2）在"打开"对话框中，选择需要转换的文件。在这里可以浏览所有文件，也可以在"文件类型"下拉列表框中选择某个特定文件类型。

（3）如果要将图像文件转换为 PDF 文件，也可以单击"设置"按钮以更改转换选项，可用选项取决于文件类型。

> ▶注意
>
> 　　如果选择"所有文件"作为文件类型，或者没有转换选项可用于选定的文件类型，则"设置"按钮不可用（例如，对于 Word 和 Excel 文件，"设置"按钮不可用）。

（4）单击"打开"按钮以将文件转换为 PDF 文件。

Adobe Acrobat DC 根据所转换的文件类型，会自动打开相应的编辑器，或显示转换进度对话框。如果文件是 Adobe Acrobat DC 不支持的文件格式，软件会提示该文件无法被转换为 PDF 文件。

（5）新 PDF 文件打开后，选择"保存"或"另存为"命令，可为 PDF 文件指定名称和存储位置。

> ▶注意
>
> 　　当命名要进行电子分发的 PDF 文件时，要求文件名长度不超过 8 个字符（没有空格）并包含"pdf"扩展名，以确保电子邮件程序或网络服务器不会截断文件名，PDF 文件能按预期打开。

### 2．从多个文件创建多个 PDF 文件

Adobe Acrobat DC 可以在一次操作中，从多个本机文件（包括不同格式的文件）创建多个 PDF 文件。此方法在需要将大量文件转换为 PDF 文件时很有用。

▶注意

使用此方法时，Adobe Acrobat DC 会应用最近使用过的转换设置。如果要调整转换设置，需要在使用此方法之前进行调整。

（1）选择"文件"→"创建"→"创建多个 PDF 文件"命令。

（2）在弹出的对话框中选择"添加文件"或"添加文件夹"命令，然后选择相应的文件或文件夹，如图 11.11 所示。

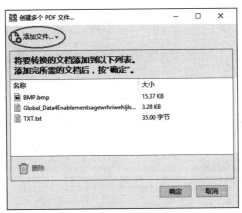

图 11.11　"创建多个 PDF 文件"对话框

（3）单击"确定"按钮，将显示"输出选项"对话框。

（4）在"输出选项"对话框中，指定目标文件夹和文件名首选项，然后单击"确定"按钮。

### 3．将 PDF 文件拆分为多个文件

Adobe Acrobat DC 可以将一个或多个 PDF 文件拆分为多个更小的 PDF 文件。拆分 PDF 时，可以指定根据最大页数、最大文件大小或顶层书签进行拆分。

（1）在 Adobe Acrobat DC 中打开 PDF 文件，然后选择"工具"→"组织页面"命令，或从右侧窗格中选择"组织页面"。"组织页面"辅助工具将显示在辅助工具栏中。

（2）在辅助工具栏中，单击"拆分"按钮，辅助工具栏的下方会出现一个新的工具栏，显示涉及"拆分"操作的命令，如图 11.12 所示。

图 11.12　辅助工具栏中涉及"拆分"操作的命令

（3）在"拆分选项"下拉列表框中，选择拆分文档的条件。

页数：指定拆分时各个文档的最大页数。

最大文件大小：指定拆分时各个文档的最大文件大小。

顶级书签：如果文档包含书签，则为每个顶级书签创建一个文档。

（4）要指定拆分文件的目标文件夹和文件名首选项，可单击"输出选项"按钮，然后根据需要指定首选项，并单击"确定"按钮。

（5）要将同一拆分方式应用到多个文档，可单击"拆分多个文件"按钮。在"拆分文档"对话框中，单击"添加文件"按钮，然后选择要添加的文件或文件夹。选择文件或文件夹后单击"确定"按钮。

#### 4．将 PDF 文件中的图像导出为其他格式

除了可以使用"文件"→"导出到"→"图像"→"图像类型"命令将每个页面（页面上的所有文本、图像和矢量对象）保存为图像格式，用户还可以将 PDF 文件中的每个图像都导出为单独的图像文件。

> **▶注意**
>
> 可以导出光栅图像，但不是矢量对角。

（1）选择"工具"→"导出 PDF"命令，会显示 PDF 文件可导出的各种格式。

（2）选择"图像"命令，然后选择要用于保存图像的文件格式，如图 11.13 所示。

图 11.13　选择导出为图像的文件格式

（3）要进行选定文件格式的转换设置，可单击齿轮图标。

（4）在"导出所有图像为'选定文件格式'设置"对话框中，进行"文件设置""颜色管理""转换"和文件类型的"提取"设置。

（5）在"提取"设置中，为"不包括图像小于"选择要提取的最小图像大小。选择"无限制"可提取所有图像。

（6）单击"确定"按钮可返回"将 PDF 导出为任意格式"界面。

（7）选中"导出所有图像"复选框，以便只提取并保存 PDF 文件中的图像。

> **▶注意**
>
> 如果不选中"导出所有图像"复选框，软件将使用选定的图像文件格式保存 PDF 文件中的所有页面。

（8）单击"导出"按钮，将显示"导出"对话框。选择要保存文件的位置。

（9）单击"保存"按钮可以仅将 PDF 文件中的图像保存为选定的文件格式。

### 五、实验要求

Adobe Acrobat DC 具有把文档扫描成 PDF 文件、编辑 PDF 文件中的图像或对象、将网页转换为 PDF 文件、使用 PDFMaker 创建 PDF 文件、从文本或图像中创建 PDF 文件、签名并分发签名、合并保护 PDF 文件等各种功能，读者应熟练使用这些功能并掌握对 PDF 文件的处理方法。

## 实验三 印象笔记

### 一、实验学时

2学时。

### 二、实验目的

- 了解印象笔记软件的基本功能。
- 能够熟练使用印象笔记软件的各种功能。

### 三、相关知识

印象笔记是一款专业笔记软件,可以帮助用户高效工作、学习与生活。其支持多台设备同步,可快速保存微信、微博、网页内容,一站式完成信息的收集、备份、高效记录、分享和永久保存。

#### 1．快速记录

印象笔记界面简单,上手容易,可以快速记录使用者的信息。其记录方式十分丰富,可以适应多环境下的记录需求,还有丰富的模板库。

#### 2．多端同步

印象笔记支持多台设备、不同客户端的云端同步(Windows、macOS、Android、iOS、网页端),用户可随时随地查看笔记。

#### 3．剪藏

剪藏像聊天一样简单,用户可以通过公众号、微博号、浏览器插件、微信收藏助手等多渠道对内容进行收藏并永久保存,最大限度满足信息管理需求。

### 四、实验范例

本实验将练习使用印象笔记进行超级笔记创建。超级笔记将各种内容格式(文本、图片、表格、链接、视频、音频、代码块、日历提醒等)变成一个个模块,用户可以自由拖曳、组合这些模块来创建个人专属的笔记架构。

(1)新建超级笔记。单击主界面左侧的"新建超级笔记"按钮 ⊡ 新建超级笔记 ,打开图11.14所示界面。

图11.14 超级笔记界面

（2）单击快捷功能模块创建不同的笔记内容，也可以输入"/"一键唤起快捷工具栏，如图 11.15 所示。

图 11.15　快捷工具栏

（3）文本编辑。可以将文字设置为 3 级标题格式或普通正文格式，即为文字设置不同的字体样式和高亮颜色。3 级标题样式如图 11.16 所示。

图 11.16　3 级标题样式

（4）插入表格。设置项目列表、待办事项列表，如图 11.17 所示。

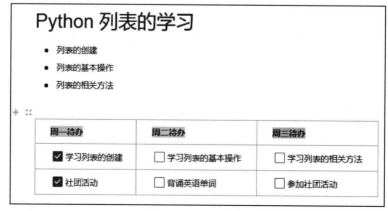

图 11.17　设置列表

（5）关联笔记和预览。超级笔记支持将原有笔记作为模块插入当前笔记，以便在笔记之间快速建立关联；还可以快速预览关联笔记，如图11.18所示。

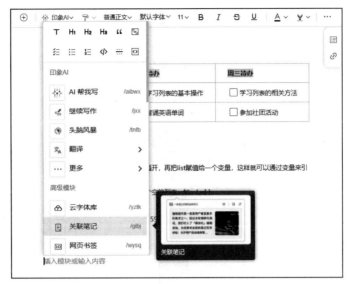

（a）关联笔记菜单

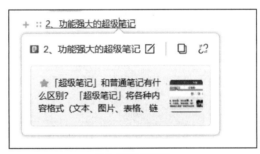

（b）预览关联笔记

图11.18　关联笔记

（6）添加视频。超级笔记中可以上传一个本地视频，也可以插入一个视频外链，插入后即可单击播放。

① 视频地址获取方法：在视频网站中，单击"分享"按钮，再单击"嵌入代码"按钮。

② 单击超级笔记界面左侧的"＋"→"视频"按钮，粘贴视频地址。

（7）添加音频。单击超级笔记界面左侧的"＋"→"音频与录制"按钮，再单击圆形按钮，开始录制。结束录制时单击左侧的正方形按钮。

音频模块不仅支持录音功能，还支持对音频中的重点内容进行标记，能满足听课、开会等场景的需求。

（8）剪藏网页中的内容，通过安装网页插件来实现。在印象笔记官网中找到适配的"剪藏"浏览器插件，下载安装完毕后，浏览器中就会出现剪藏图标，单击剪藏图标，就可以剪藏想要的网页。

（9）剪藏微信内容。关注"我的印象笔记"公众号，绑定账号后，将文字、图片、文件等发送给公众号，即剪藏成功，用户可以在印象笔记App中找到剪藏的内容。用户还可以通过印象笔记小程序保存剪藏内容。

## 五、实验要求

能够独立使用印象笔记的各种功能。能够创建超级笔记，添加文本、图片、表格、音频、视频等模块；能够使用剪藏保存网页内容和微信内容；能够在各种客户端使用印象笔记。

# 本章拓展训练

综合应用 Adobe Acrobat DC，对 PDF 文件进行合并和优化处理。

拓展训练